여행이   청춘이
좋아서   빛나서

인생의 청춘을 유랑하는 5인 5색 여행기

여행이 청춘이
좋아서 빛나서

류시형 박진주 오상용 이동진 윤승철

길벗

우리 생애 가장 젊은 날,

'오늘'이라는 '청춘'을 여행하는 당신에게.

류시형

여행을 하며 사람 만나는 걸 특히 좋아한다. 역사나 예술에는 별
관심이 없었지만 그 나라 특유의 문화, 그리고 지금 거기에서 살아가는
사람들의 이야기는 내게 많은 교훈을 주기 때문이다. 그들을 통해
삶을 살아가는 데에는 다양한 길이 있다는 것을 깨달았고, 그 이야기를
전해주고 싶다. '이렇게 살라'고 정답을 제시하는 것이 아니라 삶을
살아가는 자기만의 방법, 여행을 통해 그것을 배우는 방법 말이다.
2010년부터 지금까지 다양한 강연을 하며 전국을 돌아다녔다.
초 · 중 · 고등학생을 비롯하여 군인, 대학생, 사회 초년생들을 만나며
느낀 것은 청춘의 시간을 어떻게 써야 하는지 잘 아는 사람이 많지
않다는 것이다. 그저 주어진 대로, 시키는 대로, 상황에 따라 '해야만
하는 일'들을 하는 사람들이 대부분이었다. 그들에게 항상 이렇게
말하고 싶었다.

"청춘의 시간은 다시 돌아오지 않습니다. 지금, 이 순간 다양한 사람을 만나고 다양한 일에 도전하세요. 많이 실패하고 좌절했으면 좋겠습니다. 그런 과정을 통해서 자신만의 길, 내가 하고 싶은 일, 나만 할 수 있는 일을 발견하고 꿈을 찾을 수 있습니다. 그러니 제발, 두려워 말고 뭐든 새롭게 도전해 보십시오."

이 책을 통해서 하고 싶은 말도 같다. 다양한 여행을 통해 많은 사람을 만나고 경험하고, 자신에게 맞는 여행을 찾고, 또 꿈을 찾고 배우라고.

박진주

나의 20대를 돌아보면 참 아깝다는 생각이 든다. 일어나지도 않을 미래의 일들을 고민하느라 써버린 많은 시간, 실패에 대한 두려움 때문에 시작도 안 하고 포기해버린 많은 기회들, 수시로 타인과 비교하고 또 비교당하며 잃어버린 자신감, 지나간 것들에 미련이 남아 후회하며 보낸 시간들이 아깝다. 사소하고 작은 일에도 지나치게 상처를 받으며 아파한 시간과 타인의 시선을 의식하느라 스스로를 온전히 즐기지 못한 것들도 말이다. 지난 시간은 이렇듯 아까운 것투성이다. 하지만 절대 다시 돌아갈 수 없는 시간이다.

길고 긴 인생에서 가장 찬란하고 아름다운 시기인 동시에 가장 아프고 두렵고 막막한 시기. 그것이 청춘이 아닐까. 그래서 언제나 다른 이들에게 말해주고 싶었다. 청춘을 아깝게 보내지 말라고.

'삶은 여행'이라고 많은 여행가가 말했다. 여행지에서 만나는 많은 사람에게는 셀 수 없이 다양한 형태의 삶이 있고 각기 다른 길이 있다. 세상에 똑같은 여행이 없듯 인생도 마찬가지다. 남들과 조금 다른 방향으로 간다고, 조금 늦게 출발했다고 해서 틀리거나 실패한 것이 아니다. 그러니 너무 조급해하거나 불안해하지 말기를. 인생이라는 여행에서 각자의 지도를 들고 자신만의 길을 찾으며 그 여행의 과정을 최대한 즐겁게 즐기길, 나 또한 그런 여행 같은 삶을 살길 바라며.

오상용

여행을 다니면서 생긴 습관이 하나 있다. 힘이 부치거나 인생이 고달플 때 하늘을 보는 것이다. 맑은 날도 있고 구름이 가득 낀 날, 천둥이나 번개가 치는 무서운 날도 있지만 날씨와는 상관없이 지난 여행에서 느꼈던 감정이 살아나 마음이 평온해지기 때문이다. 여기에 실린 글은 청춘이라는 이름으로 20~30대 초반에 다녀온 여행을 요약한 것이다. 나의 삶에 초석이 되어주었던 경험들 그리고 여행지에서 내가 느낀 감정을 공유하고자 노력했다. 이 책을 읽고 지난 여행이 떠올라 미소를 짓거나 지금 당장 떠나고 싶은 마음이 생긴다면 한 사람의 여행자로서 그보다 큰 기쁨은 없을 것 같다.

개인적으로도 좋아하는 시형이, 진주 씨와 함께할 수 있어서 행복했다. 또, 누구보다 멋진 청춘을 보내고 있는 이동진 작가와 윤승철 작가를 응원한다. 이 책이 나오기까지 늘 옆에서 응원해준 아내와 오채은, 오설우, 오준석 삼 남매, 슬럼프에 빠져 절망할 때면 에너지를 불어넣어준 사진작가 경민이와 영화 평론가 언종이, 오랜 시간 함께 해주신 길벗 직원들께 깊은 감사의 마음을 전하고 싶다. 이 글들을 통해 잊고 지낸 두근거리는 떨림을 느끼길 기원하며.

마지막으로 3년이라는 길고 긴 작업 시간 동안 언제나 나의 마음은 '맑음'이었다.

이동진

나에게 여행의 정의는 '나의 한계를 넘는 것'이다. 그래서 내가 원하는 도전을 할 수 있는 나라에 가서 한계를 넘고자 노력했다. 덕분에 20대에 다양한 경험을 할 수 있었고, 그 경험들이 지금 내 인생에 큰 자양분이 되었음은 말할 것도 없다.

여행지에서는 늘 예측하지 못했던 어려움이 닥쳤고, 나를 불편하게 했다. 하지만 목표를 이루려면 그 어려움을 이겨내야만 했고, 한국에 돌아와서 돌이켜보면 바로 그 불편함 덕분에 나는 더 크게 성장해 있었다. 아마 앞으로 내가 아무리 크게 성장해도 그런 불편함은 끝나지 않을 것이고, 도전할 때마다 더 큰 성장이 나를 기다리고 있을 것이다. 몽골에 이런 말이 있다. '가만히 있는 천재보다 움직이는 바보가 낫다.' 도전해야 원하는 것을 얻을 수 있다는 말이다. 무엇이든 시작하는 사람만 받을 수 있는 선물이 바로 성장이다.

하지만 '성장'이 꼭 '성공'을 의미하는 것은 아니다. 아프리카를 여행하는 내내 '나는 도대체 여기에 왜 왔을까'라는 회의가 들었다. 나는 아프리카가 전혀 신선하지 않았고 큰 감동도 감흥도 없었다. 그제야 알았다. 중요한 것은 어디인지가 아니라 내가 어떤 생각으로 어떻게 사는지 라는 것을. 하지만 이 사실마저도 아프리카에 가 보았기 때문에 알 수 있었다. 성공이든 실패든 경험해 봐야 알 수 있다. 언제나 원하는 것을 얻을 수는 없지만, 무엇이든 경험하려고 노력했던 나 자신에게 감사하다. 여행은 삶과 다를 바가 없다. 자신만의 여행을 하다 보면 내가 어떤 사람인지 어떻게 살아야 하는지 어디를 향해 달려가야 하는지를 알아갈 수 있다고 믿는다. 삶에는 어떤 규칙도 없고, 자기 삶의 규칙은 자기가 정해야 한다는 것도 이젠 너무나 잘 안다. 나의 경험을 통해서 여러분이 자신만의 여행을 선택하고 실행할 수 있기를 진심으로 바란다.

윤승철

글을 쓴다고 백지를 마주한 새벽은 참으로 적막하다. 주변이 모두 잠든 시간에야 여백을 채울 수 있음을 누구에게도 말하지 못하고 전전긍긍하던 것도 이제는 내성이 생겨 계절이 지나는 것처럼 자연스러운 일이 되었다. 태양이 뜨는 일은 빅뱅이나 초신성의 폭발처럼 오늘 같은 밤엔 실로 거대한 일이 된다. 그런 날에는 새벽의 냄새와 밤의 온도를 조절하여 되도록 삐져나온 페이지 없이 밤을 잘 닫아야 한다.

펜을 드는 시간과 함께 또 한 번 내가 전능해지는 때는 세계의 어느 외딴 곳을 걷고 있을 때다. 누구의 간섭도, 연락도 없고 기다리는 사람이나 독촉받을 일도 없다. 교육과 학습, 주입도 없다. 보는 것을 직관적으로 믿게 되고, 보이지 않는 것은 보이지 않기에 믿어도 되는 곳. 다소 낯선 풍경에 나를 맡겨 나도 내가 어색해지는 장소로의 여정은 늘 새로우면서도 질서가 없다. 때문에 나의 미흡한 사고체계로 이 어수선한 풍경을 하나하나 내 마음대로 정리하는 것이 가능하다.

책에 소개된 내가 구축한 외진 장소들과 경험들을 자신 있게 말하기엔 영 자신이 없다. 살코기에 대롱대롱 연결된 뜯어지기 직전의 비계처럼 볼품없는 것은 아닌지 모르겠다. 나의 프레임에 맞춰진 장소성에 모두 공감하지 않을 수 있겠다는 고민을 거듭했다. 아마 책이 나오면 나는 더 외진 곳으로 숨어 들어갈지도 모르겠다. 하지만 한 사람이라도 글을 통해 고개를 끄덕여 준다면, 물음표를 던지고 흥미를 느낀다면, 내가 보낸 무수한 새벽들이 긍정적이었다고 위로할 힘이 생길 것이라고 믿는다.

차례.

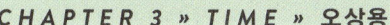

CHAPTER 4 » LIMITATIONS » 이동진

CHAPTER 5 » HEARTBEAT » 윤승철

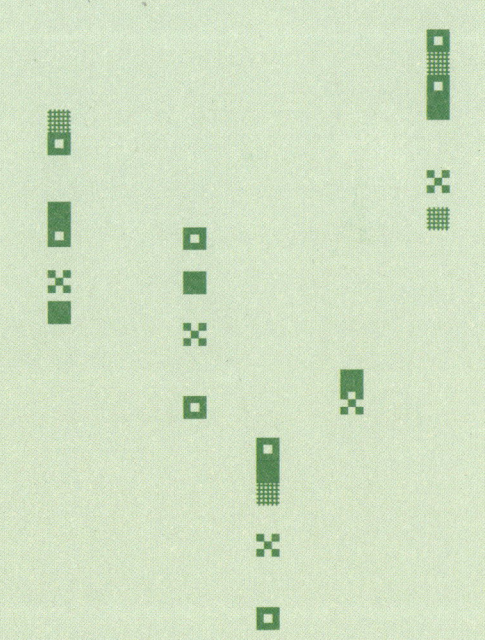

keyword

사람

writer

류시형

h

hu

hum

huma

human

uman

man

an

n

낯선 곳에서 낯선 사람이 불쑥 내밀어주는 손. 사람의 온기만큼
여행이 주는 기쁨이 있을까.
류시형 작가의 여행기에서는 인성과 인격이 한 뼘은 자라게
될 것 같은 사람 냄새가 난다. 오랜 친구, 처음 만난 동행,
뜨거운 사랑을 나눈 가족, 현지에서 사귄 친구들과 여행지에서
어려움이나 불안감을 이겨가는 과정.
이것은 청춘들이 도전하고 싶어 하는 여행의 매력이 아닐까.
낯선 곳에서 친구를 사귀는 방법은 무엇이고, 헤어짐이 예정된
우정은 뭘 남길까.

KOREA

맨몸으로 떠난
세 남자의 한국 무전여행

여행을 숱하게 다닌 전문가가 제 아무리 준비를

꼼꼼히 해도 모든 것을 다 갖추고 떠날 수는 없다.

청춘이야 더 말할 것도 없이 부족한 것투성이다.

그저 각자가 좋아하는 것, 하고 싶은 것들을 찾아

열심히 뛰어놀 뿐.

남들이 생각하는 방식이 아닐지라도 뭐가 두려운가?

조금 달라도, 엉뚱해도 좋다. 일단 떠나 보면 안다.

여행은 그래도 된다는 것을.

고삐 풀린 새내기 대학생, 자유를 맛보다

2002년 서울 모 대학 입학식. 지방에서 갓 상경한 나는 한참 주변을
두리번거렸다. 미성년자였을 때는 즐길 수 없었던 여러 제약에서 풀려나는
대학이라는 신세계 앞에서 막 기지개를 펼 참이었다.

기숙사에서 지내다 보니 부모님의 간섭도 줄어들었다. 자유가 찾아온 것이다!
지방 각지에서 온 다양한 친구들을 만나고 다양한 경험들을 시작할 수 있었던
대학 생활에서 내가 선택한 첫 번째 경험은 사진이었다. 사진은 찍는 것도
재미있지만 어두운 암실 속에서 내 손의 감각에만 의존해 필름을 현상하고
인화하는 과정이 더 흥미로웠다. 처음부터 끝까지 내 손, 내 감각, 내 기술로
탄생하는 흑백 사진의 매력은 대단했다. 그저 사진이 좋았다.

모든 일이 그렇듯, 좋아하니 잘하고 싶었고 잘하려니 목수가 연장 탓한다고
좋은 카메라를 사고 싶었다. 카메라를 사려고 아르바이트를 시작했다. 찌는
듯 더운 한여름, 화덕이 2개나 있는 인도 레스토랑에서 종일 설거지를 하는
일은 쉽지 않았지만 한 달만 참으면 된다고 생각했다. 그렇게 한 달 후 돈이
입금됐다. 점찍었던 카메라를 사고 나니 자연스럽게 촬영 여행을 떠나고
싶었다. 배낭을 샀다. 그리고 침낭, 매트리스, 버너…. 아, 필요한 물건은
왜 이렇게나 많은지! 결국 돈은 계속 줄어들어 여행을 떠나기엔 턱없이
부족해졌다.

첫 무전여행의 원동력은 충동? 엉뚱함?

여행을 떠나는 데 가장 필요한 것은 뭘까? 돈? 시간? 용기? 아니다. 여행을
떠나는 데 '가장' 필요한 것은 없다. 다 중요하기도 하지만, 모두가 꼭
필요하지도 않았다. 돈과 시간, 떠날 수 있는 용기 중 어느 것 하나만 있어도
여행을 할 수 있다. 난 시간과 용기가 있었다. 그리고 '청춘의 엉뚱함'이 있었다.
언젠가 아버지에게 들었던 얘기가 문득 생각났다.

"아빠가 어렸을 때는 동네에 자동차가 별로 없어서 차 소리가 나면 동네
아이들이 구경하려고 뛰어갔지. 지금처럼 빠르진 않았지만 읍내로 나갈 때는
동네 사람 차를 얻어 타곤 했었어."

그래! 히치하이킹Hitch Hiking! 차만 얻어 탈 수 있으면 어디든 갈 수 있겠지?
(이게 가장 막무가내인 생각이었단 걸 여행 막바지에 알게 되었다.) 먹거리나 숙박은 어떻게
해결할지는 생각조차 못했지만, 어쨌거나 '멋진 사진을 찍으려면 여행을
떠나야 한다'는 막연한 생각이 이 모든 여행의 시작이었다. 그렇게 내 첫
여행을 무전여행으로 결심했고 두 친구가 함께 하기로 했다.

서로 달라서 서로의 빈틈을 채운 세 남자

일생일대의 사진가로 발돋움할 촬영 여행을 혼자 떠난다는 상상은 애초에
해 보지도 않았다. 친구들과 어울려 놀기 좋아하던 때라 동행도 쉽게 찾을 수
있었다. 이름보다 별명으로 익숙한 고 회장과 설 프로가 그 주인공이다. 이
둘은 나와 같은 과, 같은 사진 동아리 동기였다. 화장실에서 사업(?)을 너무
오래 한다고 고 회장, 당구는 잘 못 치는데 프로처럼 폼만 잡는다고 해서 설
프로였다. 우린 티격태격 많이 싸우기도 했지만 제법 잘 맞았다. 극단적으로
낙천적인 나와 비판적이고 현실적인 고 회장은 여행 도중 여러 번 대립각을
세웠지만, 설 프로는 그 사이를 시소처럼 오가며 중재를 잘 해주었다.
여행을 막 떠날 때만 해도 두 친구들은 나처럼 돈을 아예, 한 푼도 안 쓸
무전여행을 생각하지 않았다. 이 엉뚱한 생각은 나의 고집에서 시작된
것이었다. '대책 없는 낙천주의자'라는 닉네임은 이때부터 썼던 것 같다.
가진 것이라곤 카메라 1대뿐이었지만 멋진 사진을 찍어보겠다는 일념 하나로
출발했던 첫 무전여행은 순탄하지만은 않았다. 첫 목적지였던 도시 충주는
내가 생각했던 평온한 호반의 도시가 아니었다. 가로등 하나 없이 칠흑같이
어두운 거리에는 네온사인이 화려한 러브모텔이 즐비했고 비까지 추적추적
내리고 있었다. 지나가는 사람에게 물어물어 다음날 목적지로 정한 충주호
방향으로 20분 정도 걸었다. 눈앞에 아파트 단지와 대형마트가 나타났다. 난
아파트 내 공원의 정자 같은 곳이나 주차장에서 비를 피하며 잘 생각이었지만

고 회장은 이 의견에 탐탁지 않아했다. 그렇게 투덜대며 걷던 중, 때마침 반대 방향에 '건국대학교 3.8km' 표지판이 나타났다. 고 회장은 좀 더 안전한 대학교를 원했다. 동아리방처럼 개방되고 따뜻한 공간을 찾을 수 있을 거란 희망에 우린 다시 반대 방향으로 걷기 시작했다. 그렇게 판초 우의가 홀딱 젖은 상태로 1시간 반을 걸어 건국대학교 충주캠퍼스에 도착했다. 첫 여행의 첫날 밤. 우린 결국 안락한 곳은 찾지 못하고 비에 젖은 채로 이름 모를 건물 현관 앞에서 노숙을 하게 되었다.

떠나 보기 전에는 미처 몰랐던 수많은 진리들

하필 장마철이라 다음날도, 그 다음날도 비가 내렸다. 비를 피하랴 잘 곳을 구하랴 이래저래 어려웠지만 우린 희망을 잃지 않았다. 첫 목적지였던 충주호를 지난 후부터 지도를 펴고 사진을 찍을 만한 관광 명소들을 점으로 찍어 가까운 곳부터 차례로 찾아갔다. 대부분 히치하이킹을 하거나 걸어서 다녔고 아침저녁을 이장님 댁이나 미리 챙겨갔던 쌀, 비상식량 등으로 해먹었다. 점심은 보통 굶었다.
그렇게 여행한 지 3일차, 우린 일상의 소중함을 정말 뼈저리게 느꼈다. 비가 올 때는 돌아다니지 말고 집에 있는 것이 최고라는 것, 자동차는 정말 빠르고 편리하다는 것, 특히 마음씨 좋은 사람들이 아직 많다는 것. 그 짧은 시간 동안

얼마나 많은 사람들의 도움을 받았는지 모르겠다. 하루에도 '감사합니다.'
'고맙습니다.'라는 말을 셀 수 없이 많이 했다.

결정적으로 우린 사진을 제대로 배우지도 못했다는 것이 가장 큰 충격이며
발견이었다. 겉멋에 취해서 필름 카메라부터 덜컥 사긴 했는데, 필름 끼우는
방법도 제대로 몰라 필름을 3통이나 날려 먹었다. 그 뒤로 멋진 사진은
기대하지 않게 되었다.

우리는 9일 동안 문경새재를 지나 속리산의 천황봉에 오르고, 금산, 전주 등
대한민국 곳곳을 누볐다. 여행의 시작은 멋진 사진을 찍어보자는 것이었지만
여행 하루하루, 아니 1시간마다 그 생각은 바뀌었다. 대학교에 입학해 서울에
처음 왔던 때 느꼈던 신세계를 무전여행을 하면서는 수시로 느꼈다.

집에서 무심히 했던 샤워가 얼마나 소중한지, 별 생각 없이 쓰던 휴지 한
장도 얼마나 아까운지, 햇살 아래 누워 시원한 바닷바람을 쐬는 것이 얼마나
행복한지. 이 모든 것들을 수시로, 아주 뼛속 깊이 느낄 수 있었다. 이런 사소한
행복의 가치는 사진을 잘 찍어 보겠다던 애초의 목표와 차원이 달랐다.

굶기도 많이 굶고 힘든 순간도 셀 수 없이 많았지만 지금 생각해보면 그
어느 때보다 더 밝게 웃었던 것 같다. 여행은 힘들었지만 우린 싸우지 않았다.
서로를 잘 알기에 그랬을 수도, 설 프로가 중재를 잘해서인지도 모르겠다.
보통 의견이 다르면 다수결로 결정했는데 그 결정이 아쉬워도 언성을 높이는
사람은 없었다. 그만큼 행복한 여행이었다.

여행의 목적, 그때그때 달라도 괜찮아

한 달을 예상하고 떠났던 첫 여행은 9일 만에 허무하게 끝나버렸다. 여행
기간이 3주일이나 줄어든 이유는 '생각보다 힘들어서 적당히 하다가
포기해서'가 아니라 '우리나라가 차를 얻어 타고 여행하기엔 너무
좁아서'라는 변명을 하고 싶다. 변명이라고는 했지만 사실이 그랬다.
히치하이킹 하는 장소만 잘 잡으면 하루 만에 국내 어디든 갈 수 있을 것
같았으니까.
애초에 여행의 목적이었던 '멋진 사진'은 단 한 장도 건지지 못했다. 하지만
남들과 조금 다른 엉뚱한 생각 덕분에 내가 경험하지 못했거나 알면서도 크게
느끼지 못했던 일상의 가치를 생각하게 된 소중한 여행이었다.
여행을 떠나기 전에는 뭘 얻고 올 것인가, 왜 떠나는가를 생각하곤 한다.
하지만 가끔은 청춘의 엉뚱하고 발랄한 본능에 몸을 맡기고 새로운 세상을
만나 보는 건 어떨까 생각해본다. 주변을 둘러보면 '왜 그런 여행을 해?',
'왜 그런 일을 해야 하지?' 라고 생각하는 사람도 많겠지만 잘 찾아보라.
아무 이유 없이, 조건 없이 동조해 줄 멋진 친구들이 분명 있을 테니까.
그 기간이 짧든 길든 맨몸으로 한 번 떠나보라니까!

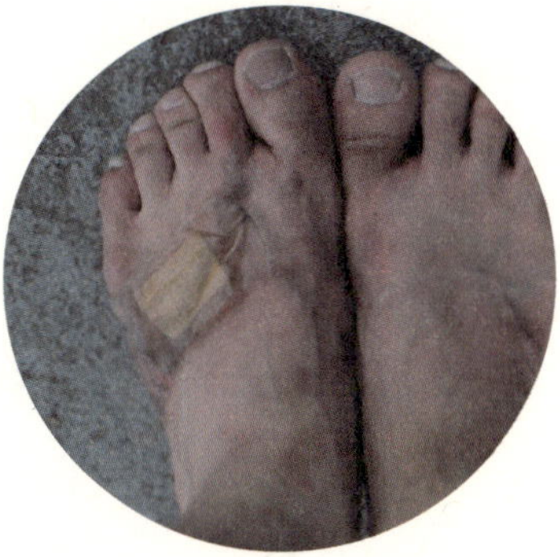

고 회장   설 프로   나

국 내 추 천 여 행 지

최근에는 도보나 대중교통을 이용한 국내 여행 코스가
많아졌다. 만 29세 이하라면 '코레일 내일로 티켓'을
활용하면 교통편에 대한 고민을 덜 수 있다. 또는 동해안
7번 국도 코스, 제주 올레길 투어, 4대강 자전거길 등
어느 정도 정해진 루트를 활용할 수 있다.
이런 정보가 없던 시절, 무작정 국내 무전여행 2번과
한 달 간의 전국 투어를 다녀오면서 좋았던 장소 몇 곳을
추천한다. 흔히 아는 정해진 루트보다는 지도를 펴고
내가 가고 싶은 곳, 가야만 하는 곳 등을 먼저 표시하고
그 점들을 이어본다면 더욱 알찬 여행이 될 수 있다.

1 영덕 블루 로드

최근 들어 블루 로드라고 이름 붙은 이 코스를 나는 2003년, 2009년 여름에
다녀왔다. 전국 투어를 하던 중 가장 마음에 들었던 구간이다. 시원하게 바다를
바라보며 걸을 수 있고 다양한 볼거리들이 있다. 관광지처럼 상업적으로 변하지
않은 작은 어촌 풍경을 바라보며 여유를 즐긴다면 이탈리아의 나폴리 못지않은
분위기를 느낄 수 있다. 이 구간의 백미는 역시 풍력발전 단지. 올레길처럼 6개의
코스로 나뉘어 있고 각 코스는 1시간~1시간 40분 정도면 걸을 수 있다.

⌂ blueroad.yd.go.kr

2 통영

지금 통영은 너무 많은 관광객으로 몸살을 앓고 있지만 그만큼 특화된 시설도 많다.
3번의 전국 투어 일정에 항상 포함시켰을 정도로 완벽한 관광지. 지금처럼 유명한
벽화가 없었던 2002년에는 남망산 조각공원에서 내려다보는 통영항이 일품이었는데
이젠 동피랑 마을도 좋다. 사람이 좀 한적한 곳을 찾는다면 조각공원 정자를 추천한다.
먹거리 또한 저렴한 것들이 많기에 여행의 즐거움을 두 배로 즐길 수 있다.

⌂ www.utour.go.kr

3 문경새재

문경새재 도립공원은 천천히 여유를 가지고 걷기에 최적화되어 있다. 1관문인
주흘관부터 3관문인 조령관까지 2시간이면 충분하다. 신발을 벗고 맨발로 걷는
사람도 제법 있을 정도로 길이 잘 정비되어 있고 초입의 옛길 박물관부터 시작해서
문경새재를 넘으며 볼 수 있는 주막터, 조곡 폭포, 조곡 약수 등 볼거리도 풍부하다.

⌂ saejae.gbmg.go.kr

전국 무전여행 꿀팁

1 **준비물**

무전여행은 짐을 항상 들고 다녀야 하므로 최대한 가볍게 싼다. 어깨와 무릎에
무리가 가지 않는 선에서 10kg 이하가 좋다. 필요할 것 같아서 넣었던 것들 중
대부분은 쓰지 않았고 옷도 편한 것만 계속 입게 되니 최소한으로 챙기자.

2 **숙식**

한국 곳곳에 사는 친척, 지인을 많이 활용하는 것이 좋다. 지인이 없는 지역이라면
마을회관 혹은 노인정을 추천한다. 이곳은 밤에는 비어 있기에 말만 잘하면 하룻밤
묵어가는 건 가능하다. 인원이 많다면 텐트를 가지고 다니다가 마을회관 마당에라도
치고 잘 수 있다. 단, 마을 이장님이나 어르신들에게 공손하게 부탁해야 하고 폐를
끼치지 않도록 주의해야 한다. 작은 일이라도 돕고 숙박을 부탁하자. 교회나 지구대
등도 좋다. 식사는 보통 숙박과 함께 아침과 저녁이 해결되는 경우가 많았다. 점심은
보통 굶거나 아침에 출발하면서 챙겼던 간식거리로 끼니를 때웠다. 일정이 길지
않다면 쌀과 코펠, 버너 등을 챙기는 것도 좋다.

3 히치하이킹

히치하이킹에는 몇 가지 법칙이 있다.

하나, 멀리서 볼 수 있도록 스케치북 등에 가고자 하는 방향을 적어라. 이때, '부산'이 아니라 '부산 방면'이라고 적어야 성공 가능성이 높다. 부산까지 태워달라는 것이 아니라 부산 가는 방향이면 어디든 좋다는 것을 보여줄 필요가 있다.

둘, 차를 세울 공간이 충분한 곳에서 손을 흔들어라. 운전자가 아무리 차를 세우고 싶어도 따라오는 차량이 있거나 굴절 구간 등에서는 차를 세울 수가 없다.

셋, 지도를 펴고 도심을 벗어나 국도로 나가라. 도심지에서나 마을 안에서는 히치하이킹이 아주 어렵다. 내가 가고자 하는 지역으로 향하는 국도변까지 걸어 나가서 해야 한다.

넷, 여유를 가지고 웃는 얼굴로 기다려라. 특히 남자가 여럿이면 여성 운전자들이 태워주기 부담스러울 수 있으니 표정만이라도 밝게 짓는다.

4 아무리 힘들어도 깨끗하게 씻고 다녀라.

낯선 사람들에게 재워주고 먹여주는 친절을 베풀기 원한다면 말끔해야만 한다. 구걸이나 동정이 아니라 무전여행의 이유를 밝히고 당당하자.

5 틈틈이 기록하라.

무전여행을 하면 시간이 정말 많이 남는다. 피곤한 저녁에 일기를 쓸 생각보다는 히치하이킹을 할 때, 걷다가 잠시 쉴 때, 차를 타고 갈 때 등 매 순간 에피소드나 감정 등을 기록해두는 것이 좋다. 하루에도 너무나 많은 일들이 일어나 나중에는 기억하기 어려울 수 있기 때문이다.

WORLD

무엇을 상상하든
그 이상을 경험하게 된다

흔히 '열정'은 청춘이라면 꼭 가져야 할 '필수 요소'라고들
한다. 하지만 이 열정은 비단 청춘만을 위한 것은 아니다.
열정을 갖고 사는 데 나이가 무슨 의미가 있나. 그렇지만
'청춘'의 열정은 조금 더 순수해서 특별하다. 대단하고
근사한 목표 없이도 좋아한다는 이유만으로 힘듦과
불편함을 감수하며 온 힘을 다해 모든 것을 쏟아 붓는다.
이것저것 재지 않고 오로지 하나만 바라보며 떠나는 그런
여행도 청춘에게 필요하지 않을까.

재미있고 더 잘하고 싶은 것이 바로 '꿈'

난 중학교 3학년 때부터 요리사를 꿈꿨다. '뭘 하면서 살아야 행복할 수
있을까?'라는 고민을 그때부터 했다는 것은 내가 생각해도 대견하기는
하지만, 실은 고등학교 대학교로 이어지는 진로를 고민하다 갑자기 튀어나온
생각이었다. 대학교까지 가서 지루한 공부를 하고 싶진 않았고 남들보다
체격이 작다 보니 운동에도 큰 관심이 없었다. 자연스레 그 외의 무언가를
선택해야 했고 그게 요리였다. 어릴 때부터 부모님이 맞벌이를 하다 보니
혼자 밥을 챙겨 먹는 날이 늘어났고 그 시간은 나에게 유일한 즐거움이었다.
결국 난 부모님의 반대를 무릅쓰고 조리과학과에 입학했다.
그렇게 요리를 배우기 시작하면서 요리에 흥미를 갖게 되었고 열정이
커질수록 새로운 식재료와 조리법, 다양한 식문화에 대한 궁금증도 함께
커졌다. 요리를 알아갈수록 남들보다 더 잘하고 싶었고, 잘하는지
못하는지를 나누는 기준은 레스토랑에서 배우는 기술이나 책에서 배우는
지식이 아닌 '문화'라고 생각했다. 외국의 문화를 이해하면 그 나라의 음식에
대한 이해도 높아질 것이고 그러면 더 멋진 요리를 만들 수 있게 되지 않을까.

이 여행, 낯선 요리의 세계를 이해하기 위하여

'프랑스 사람들은 집에서 뭘 만들어 먹을까?', '이탈리아 사람들은 집에 화덕을
두고 매일 피자를 구워 먹을까?', '미국인들은 뭘 만들어 먹을까, 햄버거?
스테이크?'. 이런 물음에 명쾌한 답을 해줄 사람들은 그리 많지 않았다.
책으로만 접한 음식은 너무 한정적이었고, 외국 사람들이 책에 나오는 몇 가지
안 되는 음식으로 매 끼니를 해결할 거라는 생각은 들지 않았다. 우리만 해도
그렇지 않나. 외국인에게는 불고기나 비빔밥, 삼계탕 같은 것들이 알려졌지만
실제 우리가 집에서 먹는 밥상은 전혀 다르지 않은가. 그래서 난 외국의 문화를
이해할 수 있는 여행을 기획하기 시작했다. 이름하여 '세계 무전여행'. 내가
여행하는 동안 레스토랑에서 인턴십을 하며 경력을 쌓거나 유학, 자격증 취득
같은 스펙을 쌓는 친구들보다 더 멋진 요리사가 될 수 있다는 확신, 요리에
대한 순수한 열정이 나를 세상 밖으로 이끌었다.

뭘 모르니까 용감하게 도전!

2006년 7월 9일 인천국제공항, 주머니 속에 있던 3만 원쯤을 꺼내어
유로화로 환전했더니 26유로가 내 손에 들어왔다. 처음 만져보는 외화였다.
그때 난 에펠탑이나 루브르 박물관은 전혀 궁금하지 않았다. 그저 유럽
사람들이 매일 먹는 음식이나, 유럽의 슈퍼마켓과 시장 풍경은 어떨까 하는
호기심뿐이었다. 첫 번째 세계 무전여행의 시작이었다. 달랑 편도 항공권만
사서 떠나는.

경유지를 세 곳이나 거친 후, 스페인 마드리드에 도착했다. 순조로운 건 입국
심사대를 통과할 때까지만이었다. 비행기에 탈 때까지만 해도 단단했던
확신과 자신감은 공항을 빠져나오며 급격히 사라졌다. 스페인에는 영어를
알아듣는 사람들이 거의 없었다. 게다가 그때만 해도 내 영어 실력은
형편없었다. 현실은 냉정했다. 아는 사람도 없었고 특별히 가고 싶은 곳도,
돈도 없었다. 한국에서 했던 무전여행과는 모든 것이 달랐다. 일단 누구든
만나야겠다는 생각에 무작정 지도를 펴고 히치하이킹을 시도했다. 3시간쯤
지났을까. 한 중국인 커플이 내게 처음으로 도움의 손길을 건넸다. 그들은
나를 마드리드 시내까지 태워주고 대중교통을 5번 탈 수 있는 티켓과 시내
지도를 선물로 줬다. 그 덕에 두려움은 기대로 바뀌었지만 이 희망도 그리
오래가진 못했다. 이후로 이어진 히치하이킹 실패, 몇 번의 노숙을 통해 나는
점점 지치고 실망했다. 며칠 동안 도와주는 사람들도 많이 만났지만 내가

생각한 여행이 아니었다. 내 꿈은 현지인들의 집에서 먹고 자고 생활하며
그들의 문화를 체험하는 것이었는데, 당장 눈앞에 펼쳐진 현실은 오늘 밤
잠잘 곳을 찾아야 하고 지금의 배고픔을 해결해야 했다.

결국 이건 내가 선택한 최선의 여행!

여행 가방을 챙기면서 책을 1권 넣었다. 유일하게 내 여행을 응원해줬던
친구가 선물해 준 '선택'이라는 책이었다. 처음엔 짐만 될 것 같아서 빨리 읽고
버려야겠다고 생각했는데, 의외로 그 책이 내겐 큰 힘이 되었다. 책의 주제는
'내가 한 선택에 책임을 져라'는 것이었다. 이 주제는 여행 내내 기운이 나게
해주었다. 난 남들이 선택하지 않는, 일반적이지 않은 길을 택했다. 아무도
나의 여행을 반겨주지 않았다. 불가능하다고, 거지같은 여행이라고, 이런
여정이 요리를 하는 데 무슨 도움이 되겠느냐고 말리는 사람들뿐이었다.
그럴수록 오기가 생겼고 결국 난 떠났다. 누군가 등 떠밀어 떠난 것이 아닌 내
선택, 내가 하고 싶었던 여행. 오롯이 내 열정이 가리키는 방향으로 따라왔다.
그렇기 때문에 나는 내 선택에 책임을 지고 싶었고 포기하고 싶지 않았다.
다행히 열흘 정도 지나니 어느 정도 적응이 됐다. 지도에서 내가 가고 싶은
곳을 정해 그곳으로 향했고 원하는 장소에서 머무르기 위해 노력했다.
누굴 만나서 어떤 이야기를 해야 할지 알 것 같았고 내가 생각한 여행을 하기

위해 해야 할 일도 찾아냈다. 며칠씩 끼니를 챙기지 못했던 날도 있었지만
절망적이진 않았다.

그때부터 나의 본격적인 여행이 시작되었다. 스페인을 지나 포르투갈, 다시
스페인, 프랑스, 안도라, 이탈리아, 스위스, 독일 등 유럽 전역을 누볐다. 관광
명소보다는 현지인들이 북적거리는 아침 시장을 찾았고 레스토랑 앞에서
메뉴 공부를 하겠다며 얼쩡거렸다. 현지인들의 집에 머무를 땐 냉장고를
탐닉하고 그들과 함께 전통 요리를 만들었다. 모르는 재료나 조리법이 많아
'좀 더 공부하고 올 걸'하는 아쉬움도 있었지만 그곳에 있다는 자체만으로도
행복했다. 의식주에 대한 노하우와 여유가 생기면서 자연스레 그들의 문화가
눈에 들어오기 시작했다. 드디어 내가 생각하던 여행이 이루어진 것이다.

나의 관심사는 그들의 역사나
관광지가 아닌 생활상이었다.
그저 관찰하는 수준을 넘어
체험을 목적으로 많은 사람을
만나는 여행이었다.

❖ 결국, 사람 사는 곳은 다 비슷하다지만 내 눈에 비친 유럽은 모든 것이 새로웠다. 심지어 하늘까지 달라 보였다.

풍경, 먹거리, 그리고 소중한 사람을 만나는 여행

200여 일의 여행 기간 동안 단어를 나열하는 수준이었던 영어 실력은 어느새 한국의 문화에 대해 이야기할 수 있는 정도로 늘었고, 아는 사람 하나 없던 유럽 땅에도 친구가 생겼다. 거쳐 왔던 지역 중에 어딜 다시 가도 반갑게 맞아줄 친구, 내가 가고 싶어 하는 곳이 있다면 기꺼이 자기 지인들에게 나를 소개해 주는 친구들 말이다.

여행 5개월쯤, 파리에 도착했을 때는 모르는 사람에게 도움을 청할 필요가 없을 정도로 많은 친구를 사귀었다. 문화를 알기 위해 떠난 여행이었지만 사람을 통해 배운 것이 더 많았다. 내가 사귄 친구들은 대부분 나와 달랐다. 파키스탄 출신의 변호사 친구는 영국에서 변호사 라이선스가 나오길 기다리며 편의점 아르바이트를 하고 있었고, 영국의 한 청소부는 대를 이은 직업이라며 자랑하듯 소개했다. 또 목수가 꿈이라는 독일 친구는 건축물과 가구를 보기 위해 전 세계를 여행하는 중이었다. 비엔나에서 알게 된 20살 친구들은 그 나이에 격렬한 정치 토론을 할 정도로 정치에 관심이 많았고, 프랑스에서 만난 친구는 유기견을 기르는 조건으로 정부에서 보조금을 받아 생활할 정도로 가난했지만 나를 며칠이나 묵게 해주었다.

그전까지 내가 가진 가치관이나 통념과는 많이 달랐던 친구들. 그들을 만나며 내가 평소 가지고 있던 편견도 깨졌다. 성소수자에 대한 생각, 돈의 가치, 직업의 귀천 그리고 삶의 방향까지. 220일간의 세계 무전여행은 나를 완전히

바꿔 놓았다. 여행을 통해 알게 된 것은 문화보다는 현명하게 살아가는
방법이었다. 인생에 '틀린' 선택은 없다는 것. 다만 무수히 많은 '다른' 선택이
존재한다는 것을 친구들이 일상을 통해 내게 보여주었다. 좋아하는 일에
이렇게나 열정을 쏟을 수 있는 사람은 그리 많지 않다. 출발 전 '좋아하는 일을
하다 죽어도 좋다'라고 생각할 만큼 비장하고 열정적이었던 나의 무전여행은
그렇게 끝났다. 멋진 요리사가 되겠다며 시작했지만 결국엔 문화나 요리보단

● 멀뚱히 풍경을 바라볼 때면 '저기 사는 사람들은 뭘 하며 살까'하는 엉뚱한 생각이 꼬리를 물고 이어졌다.

사람으로 이어졌다. 그것은 남들과 다른 방법이었지만 틀리지 않았다.
누군가 내게 말했다. 남들은 공부하고 스펙 쌓을 20대의 시간을 허비하고
있다고. 실제로 그렇게 생각하는 사람도 많겠지만 내가 200여 일간 여행을
하며 느낀 것은 인생은 어느 한 방향만이 정답은 아니라는 것이다.

단순히 명소에
집중하기보다는
그곳에 사는
사람들에게 집중하는
순간, 그 여행은
완전히 달라진다.
나만의 추억을
가진 장소로.

무전여행 일문일답

Q **실패를 몇 번이나 했었나요?**

A 결론적으론 성공했으니 실패는 없었어요. 단지 거절과 도전의 연속이었죠.
하루에 많게는 70명에게 거절을 당했고 220일 중 열흘 좀 넘게 노숙을 했어요.
꽤 괜찮은 확률이었죠.

Q **구체적인 사례가 있을까요?**

A 길을 지나는 사람들에게 제 여행에 대한 소개를 하고 초대해주길 묻죠.
하루에 10명도 넘는 사람들에게 이야기를 해요. 사람들의 반응은 다양해요.
말을 걸기도 전에 'NO NO NO'를 외치며 저를 피하는 사람, 끝까지 들어주고
정중히 거절하는 사람, 신기한 여행자라며 기꺼이 자기 집에 초대하는 사람,
자기는 안 되지만 친구들에게 부탁하는 사람, 호텔이라도 잡아주려는 사람,
한국에 관심이 많아 되레 이것저것 물어보던 사람….

Q 가장 기억에 남았던 노숙은 무엇이었나요?

A 바르셀로나의 어느 공원에서요. 위험하단 이야기를 워낙 많이 들었던 곳이기도 하고 노숙이 3일 연속 이어지던 날이기도 했죠. 제일 무서웠던 건 다음날 아침 일어났을 때 들었던 생각이었어요. '오늘 밤에도 이러면 어쩌지. 내일도 오늘 같다면?' 3일째 제대로 밥도 못 먹고 걷고 노숙했더니 다음날도 그럴 수 있겠다는 두려움이 찾아왔었죠. 다행히도 그날은 가장 멋진 날로 기억되고 있어요. 세상에서 가장 유명한 요리사를 만났고, 프랑스의 한 저택에서 이틀 동안 편안히 지냈거든요.

Q 해외 노숙을 계획하는 자유 여행자들에게 당부의 말을 한다면?

A 꼭 노숙을 해야 한다면 안전한 장소를 찾길 바랄게요. 전 인적이 드문 곳보다는 누군가가 항상 있는 곳을 택했어요. 탁 트인 공원이나 해변, 기차역 같은 곳이요.

Q 세계 무전여행은 처음 생각했던 것과 달랐다고 했는데 구체적으로 알려주세요.

A 한국에서 했던 것과 모든 것이 달랐죠. 한국에선 말이 잘되니 사람들을 쉽게 만나고 이야기를 해 도움을 받을 수 있었지만 유럽은 달랐죠. 한국에선 또 어디에 뭐가 있는지, 유명한지 대충 위치도 알 수 있으니 어딜 갈지 목표가 생겼는데 유럽에선 모든 곳이 새롭고 대도시 외엔 큰 정보가 없다 보니 어느 방향으로 가야 할지 뭘 해야 할지 막막했죠. 당장 찾아오는 밤이 두려웠을 정도로요.

세계 무전여행에 관한
몇 가지 팁

○ 동기

왜 무전여행이어야 하는가에 대한
대답을 할 수 없다면 무전여행을 권하지
않는다. 단지 돈을 아끼기 위해서
무전여행이라는 방법을 택했다면 실패할
확률이 높다. 나 역시 여러 나라의 음식
문화를 이해하고 배우겠다는 뚜렷한
목표가 있었지만 흔들렸던 적이 한두
번이 아니다.

○ 안전할까?

결론부터 말하자면 장담할 수는 없다.
어느 곳이든 위험한 요소들이 존재한다.
하지만 대부분 우리와 비슷한 사람들이
살아가는 곳이고 나쁜 사람들보다는
좋은 사람들이 많다. 내가 먼저 마음을

열고 다가가고 가식 없이 대했을 때
내게도 많은 사람들이 도움을 주었다.
물론 일반적인 여행보다는 위험도가
높다.

○ 숙박

최근에는 카우치 서핑(Couch Surfing)을
통해 잠자리를 구할 수 있다. 인터넷으로
메일을 확인하고 주고받아야 하는
단점이 있지만 현지인만 아는 장소를
소개받거나 고유한 문화를 알아가는
장점이 크다. 주의해야 할 것은 카우치
서핑은 단지 무료 숙박을 위한 사이트가
아니라는 점이다. 낯선 도시에서 만난
사람들과 서로 대화를 나누고 친구가
되는 것이 우선이지, 잠을 잘 공간만이
아니라는 것을 명심해야 한다. 나는
일반적으로 잠자리를 구할 땐 길에서
친구를 사귀고 그들의 집에서 잤다.
아주 대단한 것처럼 들리지만 실은 그리
어려운 일도 아니다. 내가 터득한 몇
가지 팁이 있는데 첫 번째는 혼자 다니는
사람(나의 경우 남성)에게 말을 거는
것이다. 여러 사람이 있는 경우에는 내
이야기에 집중도도 떨어지고 아무도
먼저 나서지 않는 경우가 많다. 두 번째는
20~30대를 공략하라. 유럽인은 여러

언어를 쓰기 때문에 누구나 영어를 알아듣지는 않는다. 그래도 20~30대는 대부분 영어를 할 수 있다. 그리고 이 나이대가 되면 부모에게서 독립을 했고 미혼인 경우가 많아 자신만의 공간이 있는 상태이다. 상대적으로 말도 잘 통하고 자신만의 공간이 있기 때문에 나를 초대할 확률이 높다. 세 번째는 구체적으로 내 여행을 설명해라. 난 어디에서 왔고 왜 이렇게 무전여행을 하고 있는지를 잘 설명해줘야 한다. 단지 돈을 아끼기 위해서 이런 여행을 하는 것이 아니라 뚜렷한 목적을 알려 줘야 한다는 것이다. 또한 처음 본 나를 신뢰하게 만들기 위해서 내가 어떤 사람인지를 구체적으로 설명할 필요가 있다. 이런 몇 가지 사항들을 잘 활용하면 길에서 친구를 사귀고 그들에게 초대를 받는 일이 그리 꿈같은 일은 아닐 것이다.

○ 히치하이킹

영화에서 보듯 막무가내로 그저 엄지손가락을 치켜들고 있기보다는 효율적인 방법으로 접근해야 한다. 국가별로 약간씩 다른 팁이 있다. 가령 스페인에서는 주유소를 적극 활용했고 동유럽에서는 국경을 통과하는 지점을 적극 활용했다. 도로 상태가 좋았던 프랑스는 어디든 길이 열려 있어 이동하기에 편리했다. 참고로 '히치위키'(http://hitchwiki.org, 유럽에서 히치하이킹 하기 좋은 포인트 지도)는 실제 사용자에 기반해 표시되어 있어 효율적이다.

○ 선물과 기념품

도움을 준 사람들에게 줄 작은 선물을 챙겨가라. 부피도 작고 많은 사람들에게 줄 수 있는 것이 좋은데, 우리나라 우표나 전통 문양 책갈피 같은 것도 좋다. 난 그런 생각을 못하고 떠난 터라 한국에서 가져간 물품을 나눠 주었다. 대일밴드, 모나미 볼펜 등을 주었고 한국 치약은 현지 치약과 맞바꾸기도 했다. 어느 외국인들의 집, 여행 다니며 모았던 물품들이 가득한 장식장에 한국어가 쓰인 '대일밴드'가 있는 장면을 상상해보라. 그런 것 역시 즐거운 추억이다. 무전여행을 하면 기념품을 살 수가 없다. 하지만 기념품을 꼭 돈을 주고 사야 할까? 내 경우에는 지도를 기념품으로 모았다. 지도는 어디서든 무료로 받을 수 있었고 내가 갔던 곳들을 기억할 수 있어 좋은 기념품이 되었다.

TRANS-
SIBERIAN
RAILWAY

여행에서 꼭 뭔가를 얻거나
의미심장한 사람을 만나야 하고
어딘가를 가야 할 필요는 없다.
아무것도 하지 않고 아무 생각 없이
드러누워 있어도 된다.
온전히 나를 위한 시간, 나를
돌아보는 시간을 갖는 여행.
한순간이라도 움직여 생산적인 일을
해야만 할 것 같고 그렇지 않으면
뒤쳐질 것 같다고 생각하는 이들에게
필요한 여행이라고 생각한다.

대륙을
가로지르는
여행의 로망,
시베리아
횡단 열차

운명처럼 발견한 시베리아 횡단 열차 안내서

헝가리 부다페스트, 친구 빈센트의 집에서 우연히『대시베리아 철도Trans-Siberian Railway 안내서』(흔히 '시베리아 횡단 열차'라고 부름)를 집어 들면서부터 귀국 여행 계획이 세워졌다. 때는 세계 무전여행 막바지. 유럽행 편도 항공권을 끊고 날아와 벌써 석 달이나 흘렀다. 언제가 될지는 몰라도, 언젠가는 돌아가야 한다는 사실을 알고 있었다. 어디에서 출발하는 항공권을 사야할지, 돈은 어디에서 뭘 해서 모을지 고민하던 차에 만난 시베리아 횡단 열차는 운명과도 같았다. 고생도 많았지만 다양한 경험들을 하면서 멋진 추억을 남기고 있는 이 장기 여행의 마무리로, 허무하게 '슝' 날아가는 비행기보다 몇 배는 더 멋진 시베리아 횡단 열차를 발견했으니 유레카를 외칠 만도 했다. 게다가 차분한 마음으로 열차에 올라 6일을 이동하면 그간의 길고 긴 여정을 정리하기에 안성맞춤일거란 생각이 들었다. 저렴한 여행의 마무리로 비행기의 절반 가격밖에 되지 않는 시베리아 횡단 열차는 최적의 선택이었다. 그때부터 틈만 나면 웹 사이트에 들어가서 가격을 알아보곤 했다. 그러길 100일이 지난 2007년 2월, 세계 무전여행을 마무리하며 꿈에 그리던 시베리아 횡단 열차에 올랐다.

시베리아 횡단 열차를 타려면 몇 가지 준비가 필요했다. 러시아어를 전혀 하지 못하는 나로서는 예상치 못한 변수가 생기면 골치 아플 수 있었기에 특히나 많은 정보를 얻으려 노력했다. 우선 기차에서의 기나긴 6일을 덜

무료하게 보낼 무언가가 필요했다. 조리학도였던 나는 핀란드에서 잠시 들른 후배의 집에서 세계적인 요리사 해롤드 맥기Harold McGee가 지은 아주 두꺼운 책을 빌렸다. 일주일이 아니라 두세 달을 붙잡고 있어도 다 읽기 어려운 책. 이거면 충분하다.

두 번째 준비는 먹거리였다. 열차 내에서는 조리가 불가능하기 때문에 대부분 빵이나 햄, 살라미 등을 챙겨간다. 다행히 열차마다 뜨거운 물이 계속 나오는 정수기가 비치되어 있다는 말에 난 컵라면을 잔뜩 샀다. 총 5일하고도 6시간을 가는 일정의 열다섯 끼니 중에 컵라면으로만 열 끼를 먹을 예정이었고, 빵과 스낵을 약간 더 챙겼다. 먹거리와 시간을 때울 거리, 그거면 충분했다. 나머지 시간은 오랜만에 돌아가는 집에 대한 그리움과 처음 타보는 침대 열차에 대한 설렘으로 채워갈 생각이었다.

열차를 탈 수 있었던 건 오로지 디마의 덕!

몇 날 며칠 열차표 가격 검색을 하고, 마지막으로 표를 사기 위해 모스크바 기차역의 매표소로 향했다. 그리고 난 여기에서 충격적인 소식을 듣게 되었다. 베이징행 2등석 표는 일찌감치 매진이고, 450달러짜리 1등석만 남았다는 것이다. 450달러는 내 예산을 훨씬 웃도는 것이었다. 게다가 마침 중국 최대 명절 춘절이 끼어 있어 2, 3등석 표를 구하기는 더 어려운 상황이었다. 러시아에서 머물 수 있는 비자도 8일짜리로 신청하는 바람에 표 값은 더 싼 대신 11일이 걸리는 블라디보스토크행 열차는 탈 수가 없었다.

이 막막한 상황 앞에 망연자실해있는 나를 도와준 건 핀란드에서 러시아까지 나와 함께 해준 러시아 친구였다. 디마는 헬싱키에서 모스크바로 향하는 야간열차에서 만났다. 4인실 침대칸을 같이 쓰면서 친해진 그는 러시아어를 전혀 못하는 내가 입국신고서를 쓰는 것도 도와주고 처음 가보는 러시아에 대한 두려움도 덜어줬다. 당시의 나는 아주 복잡한 심경이었다. 이제 정말 집으로 돌아간다는 걸 실감했고, 혼자 시베리아 횡단을 할 생각을 하니 절로 긴장이 됐다. 무게가 30kg이 넘어버린 가방, 동유럽에서부터 명성이 자자했던 러시아의 불안한 치안, 스킨헤드에 대한 걱정. 디마는 이런 복잡한 생각들을 보드카와 함께 잠재워줬다. 열차표를 사는 날 디마가 함께 가 준 것은 신의 한 수였다. 그대로 포기할까 고민하던, 아니 사실은 너무 충격이 커서 아무런 결정을 내릴 수도 없었던 그때, 그가 없었다면 난 어떻게 되었을까.

디마는 넋이 나간 날 위로하는 동시에 역무원과 입씨름을 하며 방법을
찾았다. 아마도 취소한 표가 나오는지 계속 검색해 보라거나 여행사에서
미리 사둔 표가 있는지 확인하는 것 같았다. 결국 디마가 백방으로 알아본
결과 근처 여행사에 표가 1장 있다는 것을 알았다. 디마는 나와 함께 가서
표 사는 것까지 도와줬다. 하마터면 대사관에 가서 비자를 연장하고 한국의
가족들에게 송금을 부탁할 뻔했던 상황이었다. 나보다 더 내 입장에서
생각해주고 걱정해주던 디마의 고마움은 잊히지 않는다.

> 지금은 인터넷으로 구매와 결제가 가능하다지만
> 난 아직도 이 열차표는 수시로 가격이 변할 것
> 같아 믿을 수가 없다.

**오래된 것들의 따뜻함,
그 묘한 매력을 가진
시베리아 횡단 열차**

우여곡절 끝에 올라탄 시베리아 횡단
열차는 놀라웠다. 우선 상상했던 포근한
침대칸이 아니라 통일호나 비둘기호쯤 되어
보이는 낡은 열차였다. 낡고 해어져 원래보다 더 얇아진 모포, 너무 좁고
답답해서 잠자는 게 고문일 것 같은 2층 침대, 손으로 잡고 있어야 물이
나오는 화장실을 보니 샤워실은 기대조차 할 수 없었다.

그런데 영어 단어 한 마디도 통하지 않는 러시아 사람들과 춘절을 보내러
고향으로 가는 중국인들로 가득한 열차 안은 묘하게 아늑했다. 내가
기념사진을 찍고 싶어서 카메라를 내밀며 부탁했더니 마치 카메라를 처음 본
사람처럼 거꾸로 쥐고 어리둥절해하는 모습은 정겹기까지 했다.

시베리아 횡단 열차의 승객 중에서 여행자들은 대부분 바이칼 호수를 낀
몇몇 유명한 구간만 타거나, 관광지에서 내려 관광을 하고 다시 다음 열차를
탄다. 출발지부터 목적지까지 한 번에 가는 사람들은 가난하거나 고향으로
가거나 일을 하러 다니는 사람들뿐이었다. 그래서인지 아주 완벽한 준비물을
가지고 다녔다. 뜨거운 물만 있으면 바로 해먹을 수 있는 찐 밥, 닭백숙 등은
기본이고 다양한 반찬에 냄비를 포함한 먹거리만 싼 것이 대형 이민가방

류시형 » 사람 » 시베리아 횡단 열차

하나로 가득이었다. 무료함을 달래기 위한 카드와 잡지도 있었으며 간식은
대부분 해바라기 씨였다. 내가 탄 4인용 칸에는 러시아어, 중국어가 오갔으니
말은 통하지 않았지만, 비슷한 시간대에 끼니를 챙기다보니 자연스레
먹거리를 공유하고 친해졌다. 나는 이들이 신기했고, 이 사람들은 나를
신기해했다. 무겁고 두꺼운 요리책 따위는 필요 없었다.

창밖을 바라보며 3일 넘게 달려왔는데 아직 절반도 못 갔다니, 이 광활한
나라가 더욱 실감나게 느껴졌다. 겨울이라 항상 쨍하니 맑은 하늘, 거의
녹지 않은 흰 눈밖에 보이지 않았지만 그리 지루하진 않았다. 오히려 멍하니
바라보고 있으면 마음이 푹 가라앉으며 지난 여행의 추억들이 하나하나
생생하게 떠올랐다. 그동안 만났던 한국 사람들도 생각났고 도움을
줬던 외국인 친구들도 그리워졌다. 참 무모했던 여정이 한순간의 꿈처럼
느껴지기도 했고 다시 돌아갈 수 없단 생각에 울컥하기도 했다. 거의 일주일
동안 교통수단을 갈아타지 않아도 되고, 끼니를 시간 맞춰 혼자 챙기지
않아도 되고, 누군가를 만나 잠자리를 부탁하지 않아도 되었다. 시베리아
횡단 열차에서의 일상은 여유롭고 자유로웠다. 오랜 여행을 추억하며
정리하기에 안성맞춤이었고 시간은 생각보다 빨리 흘렀다.

같은 열차 다른 느낌, 두 번째 시베리아 횡단 열차

시베리아 횡단 열차를 타고 세계 무전여행의 마침표를 찍은 후, 4년이 지나서

나는 이 열차를 또 한 번 타게 됐다. 그때 난 '김치버스'라는 캠핑카를 타고
전 세계를 누비겠다는 포부를 품고 길을 나섰고, 블라디보스토크에서
김치버스와 함께 시베리아 횡단 열차에 올랐다. 매도 한 번 맞아본 놈이
낫다고, 이번에는 만반의 준비를 했다. 4인실에 하나밖에 없는 콘센트를
대비해 멀티탭도 챙겼고, 하루에 10번 정도 30분씩 정차하는 역마다 다양한
먹거리를 판매한다는 것을 알았기에 식료품도 이틀 치만 챙겼다. 러시아
바이칼 호수에만 서식하는 어종인 오물Omul과 우리나라에서 잡히는 쏙과
비슷하게 생긴 가재 등도 사 먹었고, 식당 칸도 이용했다. 일행이 있어서
수다 떨 상대가 있었고, 노트북과 스마트폰 덕분에 열차에서의 시간이
부족하게 느껴졌다. 그때처럼 시베리아 횡단 열차는 내가 할 수 있는 최선의
선택이었다. 단지 아쉬웠던 것은 이 열차를 타는 일이 여행이 아니라 그저
'이동 수단'이 되었다는 것이었다.

달리면서 시차가 계속 바뀌는 낡은 열차 속에서 자신을 되돌아볼 수 있는
시베리아 횡단 열차 여행. 이 여행에서 가장 좋았던 것은 온전히 나만의
시간을 가질 수 있다는 것이었다. 6일간의 적절한 고립 속에 여행을 정리하고
또 여행을 생각하고, 나를 되돌아볼 수 있는 시간을 가질 수 있었다. 그 어떤
여행지에서도 그런 시간을 갖기란 쉽지가 않다. 눈에 보이는 것들, 할 수 있는
것들도 많고 해야 할 것도 많으니까. 그러니 가끔은, 많이 보고 느끼는 것만이
중요한 게 아니라 나만의 시간을 갖고 나를 되돌아볼 수 있는 시간을 갖는
여행은 어떨까.

횡단 열차에 오르는 순간 문맹을
경험한다. 게다가 낯선 풍경, 먹거리,
좁디좁은 객실까지. 하지만 놀랍게도
하루 이틀이면 모든 것이 익숙해지는
마법 같은 공간이다.

시베리아 횡단 열차 안내서

1 준비물

- **세면도구** : 수건 포함. 샤워는 하기 어렵지만 머리 정도는 감을 수 있다.
- **음식** : 뜨거운 물은 항상 준비되어 있기 때문에 컵라면이나 즉석 밥, 차나 커피 등 기호식품도 함께 챙기면 좋다. 정차하는 역에서 빵이나 살라미, 맥주 등의 음료, 전통 음식, 과자 등을 구매할 수 있다. 식당 칸은 가격대가 2만 원 내외로 많이 비싸진 않지만 자주 사먹기엔 부담될 수 있으니 경험상 한두 번 이용하는 것이 좋다.
- **텀블러** : 깨지지 않는 스테인리스나 플라스틱 컵이 좋다. 차장에게 20루블 정도를 내면 유리잔을 받을 수도 있다.
- **반소매와 반바지, 슬리퍼** : 열차 밖은 맹추위이지만 열차 안은 굉장히 덥다. 항상 20℃ 이상을 유지하다 보니 더위를 많이 타는 사람은 반소매, 반바지 옷이 필수. 그리고 실내에서 계속 생활하려면 실내화가 편리하다.
- **멀티탭과 어댑터** : 객실마다 전기 콘센트는 1개뿐이므로 멀티탭을 챙기면 좋다. 전압이 다르므로 플러그에 꽂아 쓸 어댑터(돼지코)가 필수다.
- **심심풀이** : 달리는 열차 안은 매우 지루하다. 책이나 노트북, 카드놀이 등 다양한 심심풀이를 챙길 것.
- **침낭** : 기차에서 제공해주는 시트와 모포를 사용해도 좋지만 혹시 청결이 걱정되면 꼭 챙길 것.

2   비용

열차표 가격은 열차 등급에 따라 다르다. 001~993호 열차까지 다양한 편이 있으며 숫자가 낮을수록 시설이 좋고 가격도 비싸다.

- 블라디보스토크 → 이르쿠츠크(바이칼 호수) 2등석 기준 약 320$ ~ 630$
- 블라디보스토크 → 모스크바 2등석 기준 약 667$ ~ 1,333$

하지만 시기와 요일, 판매 대행사마다 가격 차이가 심하니 참고할 것. 현지에서는 가격 변동이 심하고, 대행사를 통하면 20만 원 이상 더 비싸다. 한국에서는 여행사를 통해서 구매하는 것이 안전하고 정확하다.1등석과 2등석의 가격은 거의 두 배가 차이난다. 그렇다고 1등석 공간이 훨씬 넓은 것은 아니고 단지 2인실에 샤워실을 이용할 수 있고, 안에서 문을 잠글 수 있어서 안전을 고려하는 여행자에게 적당하다. 하지만 가성비, 지루함, 새로운 친구와의 교류 등을 생각하면 2등석이 더 낫다는 평도 많다. 음식의 경우 컵라면, 빵, 맥주 등은 식당 칸이 아닌 상 한국보다 저렴하다. 2006년 당시 라면 7개와 차 20팩, 팔뚝만한 살라미, 껌, 물 1통, 케이크, 쿠키 등을 샀는데 1만 원이 조금 넘었다. 2011년의 2.5l 맥주는 2800원 정도 수준이었다.

3   유용한 사이트

- **시베리아 횡단 열차 안내**

  ⌂ www.seat61.com/Trans-Siberian
- **러시아 철도청**

  ⌂ pass.rzd.ru
- **러시아 여행 카페** : 처음 시베리아 횡단 열차에 대한 정보들을 이곳에서 수집했다. 정모도 자주 있으니 한국에서 미리 시베리아 횡단 열차에 대한 다양한 경험들을 전수받을 수 있다는 장점이 있다.

  ⌂ cafe.naver.com/rusco

열 차 생 활 꿀 팁

1 **침대의 1층과 2층 어느 곳을 선택할까?**

2등석에는 2층 침대 2개가 있다. 침대 1층과 2층은 각각 장단점이 있다. 1층은 머리맡에 공동 테이블이, 옆에는 전기 콘센트가 있다. 하지만 허리를 곧게 펴고 앉지 못하고 짐은 매트리스 아래에 넣어야 하는 단점이 있다. 반면 2층은 발밑에 짐 넣을 공간이 있고, 침대에서도 곧게 허리를 펴고 앉을 수 있다. 하지만 침대를 오르내려야 하고 선반 같은 개인 공간이 없다. 출발지부터 도착지까지 계속 타고 가는 승객이 많지 않기 때문에 동승하는 사람들은 계속 바뀐다. 운이 좋으면 4인실을 혼자서 독차지하고 끝까지 가게 되는 경우도 있다.

2 **머리 감을 때는 바가지와 큰 컵이 필수!**

머리가 크거나 몸이 뻣뻣하면 세면대에 머리를 넣고 감을 수가 없다. 이럴 땐
바가지나 큰 컵을 가지고 가서 씻으면 편리하다. 수도꼭지는 한 손으로 계속 잡고
있어야 물이 나오기 때문에 물을 받아서 사용하는 것이 좋다.

3 **습도와 체온 유지에 신경쓰자.**

열차 안은 늘 20℃를 유지하다 보니 약간 건조하고 따뜻한데, 정차하는 역은
칼바람이 불기 때문에 감기에 걸리는 사람도 많고 코가 건조해져서 따가울 때도
있다. 젖은 수건을 머리맡에 넣어두고 자거나 생활하는 것이 좋고 정차할 때는
옷을 제대로 갖춰 입고 바람을 쐬는 것이 좋다.

4 **'오물'을 맛보자.**

바이칼 호수의 특산물인 생선 '오물(Omul)'은 울란우데나 이르쿠츠크 말고
슬류단카라는 역에서 파는 것이 제일 맛있고 저렴하다(3마리 200루블 정도).

좋아하는 것만 하며
여행할 수는 없을까?

비 오는 날은 싫다. 추운 겨울보다는 차라리 뜨거운
태양이 작열하는 여름이 좋다. 그 지역만의 문화가
느껴지는 낯선 음식이 좋고, 정돈되지 않아도 사람
냄새 나는 곳이 좋다. 고요한 대자연이 좋기도 하지만,
정신없이 바쁘고 화려한 불빛 가득한 도심 속에서
방황하는 것도 좋다. 좋아하는 기후, 음식, 문화를 찾아
떠나온 여행. 그중에서도 버스를 타고 김치와 각종
요리를 만들며 여행한 것은 최고라 손꼽을 수 있겠다.

내 청춘을 꽉 채운 다섯 가지

난 언제나 내가 좋아하는 것만 하며 여행하는 것이 꿈이었다. 돈 없이 떠났던 무전여행과는 아주 다르게, 돈은 넉넉히 가지고 가고 싶은 곳을 마음대로 다닐 수 있게 자동차도 싣고 떠나는 세계 일주를 꿈꿨다. 알래스카로 오지 탐사 여행을 함께 했던 동생 둘을 꼬드겨 3년 뒤 떠나기로 했다. 돈도, 자동차도 아직은 없었지만 파이팅이 넘치도록 '김치버스'라는 애칭을 붙였다. 어느 나라에나 다 있는 '버스'와 한국에만 있는 '김치'를 합성한 이름 '김치버스'. 이름이 지어지자 '김치를 만들어서 팔아 여비를 충당해볼까?', '각 나라의 채소로 김치를 담가 볼까?'하는 아이디어가 이어졌다. 이 단순한 생각은 3년이 지나면서 '한국을 알리고 한국의 음식 문화를 알리는 세계 일주' 프로젝트가 됐다. 물론 멤버는 계속 바뀌었다.

하지만 버스를 타고 하는 여행은 세계 일주의 수단이지 그 자체가 목표와 꿈이 될 수는 없던 시절이었다. 수많은 실패 끝에 나는 혼자서라도 세계를 누비겠다고 결심했다. 취업과 백수의 길을 오락가락하던 29살 즈음, 난 초심으로 돌아가 '내가 좋아하는 것'은 무엇인지를 고민했다. 그 결론은 '요리, 사진, 여행, 사람, 술'이었다. 내 20대는 이것들만 하면서 살았고 앞으로도 그렇게 살고 싶었다. '김치버스'가 단순한 세계 일주의 수단이 아닌, 인생의 목표가 된 것이다.

아무리 외면당해도 끈질기게 추진한 결실, 김치버스 출발!

김치버스 프로젝트는 내가 좋아하는 일들로만 이루어진 여행이었다.
좋아하는 일을 하니 행복하기만 할 것 같았지만, 힘든 순간이 훨씬 더 많았다.
400일 동안 유럽, 러시아, 북아메리카를 여행하려 할 때 가장 필요했던 것은
역시 '돈'이었다. 그 경비는 후원을 통해 마련하는 수밖에 없었다. 수년간의
도전과 몇 번의 성공 끝에 내가 내린 결론은 '후원은 단체의 이름으로 준비된
완벽한 제안을, 적절한 시기에 적합한 기업의 부서로 완벽한 타이밍에
전달해야 하며, 그 제안을 처음 받아보는 사람이 아주 적극적이고 긍정적인
사람이어야 한다'는 것이다. 이 모든 조건이 딱 맞았어도 성공 확률은 그리
높지 않다. 하물며 이런 나름의 공식을 깨닫기도 전이었으니, 수많은 실패를
거듭했다. 하지만 나 역시 쉽게 포기하진 않았다. 허술했던 기획안은 자문을
구해가며 수정하고, 거절당했던 회사에 지인을 총동원해 다시 찾아가기도
했다. 그렇게 3년이 지나자 계획은 제법 구체화되었다. 그 동안 믿어주지
않던 회사들과 구체적인 미팅을 하게 되었고 큰 신문사에서 기사도 내줬다.
그래도 가시밭길은 끝이 없어서 한계에 다다랐고, 결국 난 주변 지인들에게
돈을 빌리기 시작했다. 20명 넘는 지인들에게 약 5,000만 원을 빌려 차를
사고 물품을 샀다. 그제야 기업 몇 군데가 관심을 보이고 믿어주기 시작했고
서서히 꿈이 이루어지기 시작했다.

달콤한 꿈이 아닌 혹독한 현실을 맛본 여행

2011년 겨울이 찾아오던 10월 말, 난 털털거리는 중고 버스를 여객선에 싣고 러시아 블라디보스토크로 향했다. '김치버스'라고 이름붙인 이 버스를 타고 전 세계를 여행하며 한국의 음식인 김치를 알리고 한국, 한국의 음식 문화를 알리겠다는 포부를 가지고 400일간의 여정을 시작했다.

김치버스는 흔한 마을버스를 개조한 캠핑카였다. 안락하고 쾌적하진 않았지만 나름대로 필요한 것들은 갖췄다. 가장 중요한 김치냉장고를 포함해 이동식 변기까지 설치해서 차 안에서 먹고 자고 여행할 생각이었지만 현실은 녹록치 않았다. 출발하기도 전에 엔진이 고장 났고, 러시아에서는 시베리아의 추위라는 벽에 부딪혀 예정에 없던 비싼 화물 기차를 이용했다. 버스는 그 뒤로도 계속 문제를 일으켰다. 고속도로를 달리는데 차 아래에서

연기가 피어오른다거나 시동이 갑자기 꺼지면서 엔진이 먹통이 되는 일, 어딘가에서 부동액이 새어 나오는 일은 예사였다. 눈 쌓인 언덕길에서 미끄러져 가정집 울타리를 부수기도 했고 작열하는 햇살 속에 에어컨이 고장 나 사우나를 경험하기도 했다. 가뜩이나 부족한 예산에서 이런 저런 이유로 돈이 더 드니, 자연스레 먹을 것과 즐길 것을 줄여야 했다.

팀원들은 예민해졌고 갈등이 잦았다. 생각해보면 참 별 거 아닌데 눈물 나게 힘들었고 유치하게 싸웠다. 마트에서 저녁거리를 사는데 고작 4유로짜리 고추냉이를 샀다고 화를 내며 멱살을 잡기도 하고 패스트푸드점에서는 세트 메뉴를 시켰다며 30분간 잔소리를 했다.

내가 생각했던 꿈과 이상이 가득한 여행은 아니었다. 다 이루었을 때 누릴 좋은 면만 보이는 것이 꿈이라면, 좋은 면에 취해 생각하지 않았던 치열함, 치사함, 사소한 분노 등을 감당해야 하는 것이 현실이었다.

외국인에게 김치를 나눠주며 한국은 이런 음식 문화가 있다는 걸 자연스럽게 보여주고 싶었다.

그럼에도 불구하고, 좋아하는 일을 하는 여행

좁디좁은 캠핑카 안에서 먹고 자고 여행하는 집시 스타일의 세계 여행.
예산 난에 허덕이고 걸핏하면 고장 나는 고물 버스를 고쳐가며 팀원들과
치고받고 싸우던 여행이었지만 포기하고 싶다거나 나중에라도 후회한
적은 한 번도 없었다. 아무도 믿어주지 않았을 때 선뜻 동행한 친구들이
있었고, 무엇보다 내가 선택한 길이었기에 포기하는 것은 원치 않았기
때문이다. 게다가 이 여행은 힘든 순간의 연속이었지만 내가 좋아하는
일을 하며 자연스럽게 맞닥뜨리는 어려움이었기 때문에 버틸 수 있었다.
지구 곳곳을 자동차로 누비며 멋진 풍경을 카메라에 담았고 다양한
사람들을 만났다. 그 이야기는 나의 두 번째 책과 첫 사진전으로 사람들에게
전해졌다. 한식을 접할 기회가 없던 세계 5대 조리학교에서 한식을 강연했고,
관련 업계 종사자들을 모아 한식 컨퍼런스를 열었으며, 파리 비스트로
1위 경력의 레스토랑에서 우리가 만든 한식 코스 요리를 판매하기도 했다.
이 어마어마한 경험은 '한국에서 온 요리사'라는
이유로 주어진 마법 같은 일들이었다. 김치버스
프로젝트를 하지 않았더라면 절대 찾아오지
않았을 기회였다.

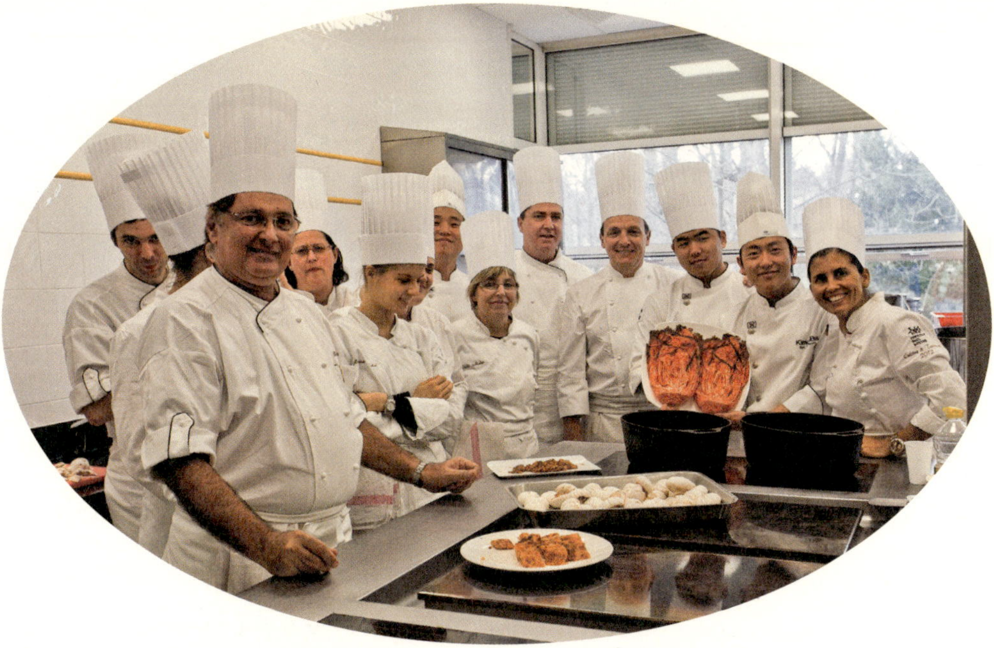

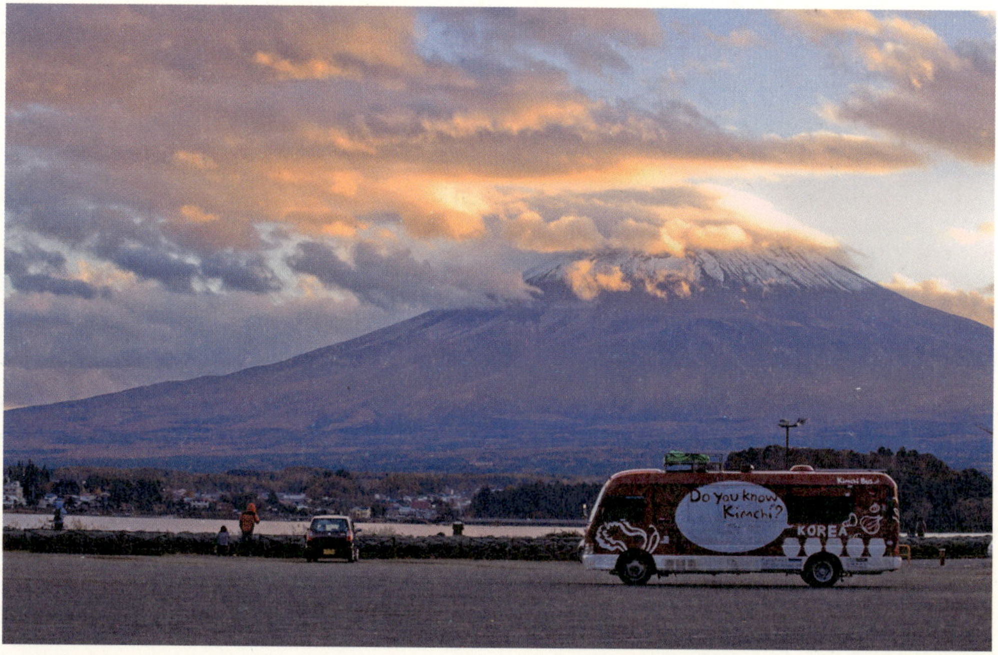
Do you know Kimchi?
KOREA

잊지 못할 최고의 여행, 그리고 사람

처음엔 나만을 위한 여행이었고 내가 좋아하는 것들로 이루어진 여행이었다.
이런 여행에 동행을 찾는 일은 쉽지 않다. 멤버가 여러 번 바뀌고 결국
혼자라도 가겠다는 결심이 섰던 이유는 모두의 꿈이 같을 수 없다는 결론
때문이었다. 하지만 내 꿈에 동의하고 그 안에서 또 자기만의 이유를 찾아
준 후배들이 있었다. 석범이와 승민이. 우여곡절 끝에 그 둘과 함께 400일을
여행했다.

이 여행을 함께할 사람을 찾는 기준은 '능력'이 아니었다. 우리는 그 누구도
외국어에 능통하거나 차량에 대한 지식, 한식에 대한 이해가 풍부하지
않았다. 하지만 함께 있을 때 가장 든든했고 서로를 의지했다. 운전이나
요리를 할 때는 나보다 경험이 많았던 승민이가 큰 힘이 되었고, 좌절할 만큼
힘든 일이 닥쳤을 때는 나보다 무던하고 우직했던 석범이가 힘이 되었다.
때론 즉흥적으로 결정하는 나의 가벼움을 그 둘이 말려주었고 억지에 가까운
고집을 가만히 들어주기도 했다. 이 둘이 없었더라면 좌절하고 실패로
돌아갔을지도 모르겠다.

서로에 대해 가장 잘 아는 사이, 9년과 6년 동안 선후배였고 김치버스를
하면서 24시간 중 23시간 이상 함께 보낸 팀원들 덕분에 나중에는 힘들었던
순간들도 훈훈하게 기억에 남았다. 지금도 김치버스 안에서 반찬 하나 없이
싸구려 맥주에 9유로짜리 삼겹살을 구워 먹었던 것이 제일 맛있었다고
기억하고, 그 순간이 그리운 이유는 결국 사람이다.

자동차를 가지고 여행한다는 것은
때론 짐이 되기로 했지만 알려지지
않은 보석 같은 장소를, 사람을
만나게 해주는 멋진 수단이 되었다.

끝나지 않은 이야기

그렇게 400일간의 김치버스 여행은 건강하고 안전하며 멋지게 끝이 났다.
하지만 나의 꿈은 끝나지 않았다. '요리'를 전공하며 여행을 다녔던 나만이
할 수 있는 일, 내가 하지 않으면 없어지는 일. 김치버스 여행은 내 직업이자
꿈이 되었고 다음해에 일본과 한국을 누빈 시즌2부터 2016년 다시 한
번 남아메리카로 떠난 시즌5까지 내 꿈은 계속 이어지고 있다. 석범이와
승민이도 그 안에서 새로운 꿈을 찾았다. 나와는 다른 길이었지만 그 둘은
지금도 내게 큰 힘이 되어주고 있다.

2011년, 김치버스를 타고 떠날 때만 해도 내가 또 다시 김치버스로 푸드
트럭을 하고 있을지, 남아메리카를 2번이나 여행할지는 상상도 못했다.
하지만 여행을 하며 내가 좋아하는 요리와 사진을 즐긴다는 게 얼마나
행복한지를 깨달았고 그 속에서 나만의 길을 찾았다. 내가 좋아하는,
나를 위한, 나만의 여행은 내 꿈을 찾는 여행이 되었다.

TRAVEL MEMO

○ **여행 기간 – 총 659일**
- **시즌1** : 2011.10.23~2012.11.25
  (400일, 러시아, 유럽, 북아메리카)
- **시즌2** : 2013.9~2013.11
  (82일, 한국 일주, 일본 일주)
- **시즌3** : 2014.5.14~8.22
  (100일, 남아메리카 6개 도시)
- **시즌4** : 2015.4.28~5.19
  (22일, 이탈리아)
- **시즌5** : 2016.7.31~9.23
  (55일, 남아메리카 3개국)

○ **여행 루트**
- **시즌1** : 러시아 블라디보스토크까지는
  비행기로, 모스크바까지는 시베리아 횡단
  열차에 차량을 실어서 이동했다.

유럽에서 약 8개월, 북아메리카로
건너가 5개월 동안 활동했다.
- **시즌2** : 서울에서 출발해 부산까지
  지그재그로 도시를 순회했다. 부산에서는
  일본 후쿠오카로 간 다음, 홋카이도까지
  올라가서 다시 후쿠오카로 내려오는
  루트였다.
- **시즌3** : 페루부터 시계 방향으로
  한 바퀴를 돌았다. 페루 → 볼리비아
  → 브라질 → 아르헨티나 → 칠레 →
  페루(우루과이)
- **시즌4** : 이탈리아 밀라노 → 파르마
  → 볼로냐 → 리미니
- **시즌5** : 브라질 → 아르헨티나 →
  칠레(왕복)

○ **준비 소요 시간**
아이디어부터 실현까지는 3년,
프로젝트가 꾸려진 실질적인 기간은
1년이었다. 후원을 요청하고 예산 편성,
루트, 차량 구매, 현지 일정 조율, 팀원
선발 등을 하는 데 생각보다 오랜 시간이
걸렸다.

○ **예산**
- **시즌1** : 2억 원
  (차량 구매, 현지 체류비, 행사비, 비행기,

페리, 화물 운송비, 통행료, 유류비, 홍보비, 주차비, 차량 정비비 등)

- **시즌2** : 5,000만 원
(페리, 행사비, 홍보비, 현지 체류비, 유류비, 통행료, 차량 정비비, 주차비 등)
- **시즌3** : 1억 원
(화물 운송비, 비행기, 현지 체류비, 유류비, 통행료, 주차비, 차량 정비비, 홍보비, 행사비 등)
- **시즌4** : 약 4,000만 원
- **시즌5** : 약 8,000만 원

○ **필수 준비물**
국제운전면허증, 차량(관련 부품 일체와 관련 서류), 의류, 세면도구, 조리 도구, 홍보 관련 도구(배너, 홍보물, 현수막 등), 기록 도구(노트북, 카메라, 캠코더, 외장하드 등), 침낭, 담요 등

○ **비자**
우리나라는 대부분의 나라와 관광 목적으로 90일 무비자 협정이 체결돼 있다. 단, 미국은 ESTA(전자 여행 허가제)를 신청해야 하고 볼리비아는 관광 비자를 미리 받아야 한다.
유럽의 경우 90일 이상 체류하려면 셴겐 조약과 양자 사증면제협정을 비교해서 살펴봐야 한다. 이 조약에 따르면 유럽 어느 나라에 입국한 외국인 여행자는 그날부터 유럽에서 180일을 체류할 수 있다. 그중에서도 셴겐 조약에 가입한 26개국은 90일 동안 무비자로 이동할 수 있다. 나머지 90일은 이 조약에 가입하지 않은 나라(영국, 스위스, 슬로바키아, 우크라이나 등)에 머물러야 한다. 하지만 셴겐 조약 이전에 우리나라와 양자 사증면제협정을 맺은 나라들은 비자 없이 90일을 머무를 수 있다. 오스트리아, 독일, 헝가리, 스페인, 이탈리아 등이 이에 포함된다.
유럽 연합에서는 국경을 넘을 때 스탬프를 찍어주는 일이 거의 없기 때문에 나중에 문제가 되었을 때 알아서 증명하기 위해 영수증이 필요하다. 차량의 경우 일시 수출입 서류를 가지고 출발하면 1년간 세금 없이 수출입이 가능하고 기간도 연장할 수 있다. 물론 허용되지 않는다고 말하는 현지 경찰들도 있으니 영어 혹은 스페인어 등 필요한 지역에 맞게 서류를 만들어 공증을 받아두는 것이 좋다.

낯선 곳에서
한 달간 살아보기

내가 가진 꿈 중 하나는 1년에 6개월만 일하고 6개월은 쉬는 것이다.

쉬는 6개월 동안에도 한 곳에 머무르지 않고 한 달에 한 도시씩 옮겨

다니며 살아 보는 것. 파리처럼 매력적인 도시에서 작은 스튜디오를

빌려 낮잠 자고 산책하고 밥을 해 먹고 친구를 사귀고 아르바이트도

해보고 뭔가를 배우기도 하면서 한 달 동안 사는 것. '의무 없는 일상'을

마음껏 즐기는 여행이다.

막연하던 아프리카 여행이 현실이 됐다!

20대 초반, 220일간의 세계 무전여행은 내 꿈을 요리사에서 여행가로 확 바꿔 놓았다. 여행의 매력에 푹 빠진 나는 무전여행 직후, 다음 여행지를 정했다. 바로 인도였다. 인도는 빠듯했던 무전여행 일정 때문에 포기했기에 아쉬움도 컸고, 당시 배낭여행지 등급을 매기자면 유럽 다음 단계쯤이었으니 인도가 제격이었다. 난 삶과 죽음이 공존한다는 바라나시에서 인생 다 살아본 사람처럼 장례 풍경을 지켜보고 싶었고, 발가락만 담가도 피부병에 걸린다는 갠지스 강에서 목욕도 해보고 싶었다. 여름방학 두 달 중 한 달 동안 아르바이트로 150만 원쯤 모으고, 남은 한 달 동안 인도로 배낭여행을 다녀올 참이었다. 차분히 여행을 준비하던 내 발목을 잡은 건 엉뚱하게도 친한 선배의 말 한마디였다.

"이번에 남아공 항공에서 아프리카행 항공권이 100만 원에 나왔더라."

선배의 말 한마디에 난 흔들리기 시작했다. 아프리카는 언젠가는, 아주 나중에 마지막으로 가 봐야지 하는 막연한 생각뿐이었다. 그저 무지막지하게 더운 곳, 흑인, 사자와 코끼리가 출몰하는 영화 『부시맨』이 떠오르는 여행지였다. 그런데 어째서인지, '인도보다 훨씬 더 멋진 경험을 선사해주지 않을까?'하는 기대감이 생겼다.

한 도시에서 한 달 지내기, 카우치 서핑으로 해결!

세계에서 아름답기로 손꼽히는 남아프리카 공화국의 항구 도시, 케이프타운 행 비행기 표를 사버렸다. 그리고 남은 돈 50만 원으로 남아프리카에서 한 달을 어떻게 지낼 수 있을지 고민에 휩싸였다. 아프리카의 물가는 의외로 높았고, 50만 원으로는 한 달 숙박비도 빠듯했다. 오랜 고민 끝에 내가 내린 결론이 바로 카우치 서핑Couch Surfing 여행이었다. 세계 무전여행 당시에 몇 번 활용했던 카우치 서핑은 잘 곳을 찾는 여행자와 잠자리를 제공하는 호스트들을 연결해주는 커뮤니티다. 숙박은 무료로 해결하는 대신 호스트들에게 맛있는 한국 음식을 해주면 카우치 서핑의 본래 목적인 문화 교류에 딱 맞겠다 싶었다.

이렇게 해서 정해진 이번 여행의 테마는 '케이프타운에서 한 달 살아보기'. 난 세계 무전여행을 할 때 한 곳에 오래 머물러 본 적이 없었다. 그래서 한 도시를 정해서 한 달 동안 거기에서 현지인처럼 살아보고 싶다는 생각을 늘 하고 있었다. 짧은 이민처럼, 현지인으로 그곳을 즐기는 여행 말이다. 이제 내가 할 일이라고는 카우치 서핑 호스트를 최대한 많이 섭외하는 것이었다. 다행히 하루, 사흘, 또는 일주일 동안 머물 곳들이 정해졌다. 남아프리카 공화국은 치안이 나쁘다고 소문난 곳이긴 했지만 현지인들과 같이 지낼 생각을 하니 걱정할 것이 아무것도 없었다.

친구가 된다는 건 '편견'을 깨는 용기가 필요한 법

꼬박 하루가 넘는 긴 시간 동안 홍콩과 요하네스버그를 경유해 마침내
지구 반대편의 남아프리카공화국 케이프타운에 도착했다. 마치 유럽처럼
깔끔하고 세련된 공항에는 흑인보다 백인들이 더 많았다. 마중 나오기로 한
카우치 서핑 친구 데크Dirk를 기다리는데, 한 흑인이 내게 말을 걸어왔다.

"어디서 왔어? 일본? 중국?"

별로 대꾸하고 싶지 않았다. 여긴 치안이 안 좋기로 소문난 아프리카가
아니던가.

"너 카메라를 그렇게 잘 보이게 들고 있으면 소매치기 타깃이 된다고.
얼른 숨겨! 그리고 내 이름은 아이디야, 나이지리아 출신이지."

"곧 친구가 데리러 올 예정이니 걱정하지 말아줘."

난 눈도 마주치지 않았다. 그런데도 수다스런 아이디는 계속 말을 걸었다.

"여긴 아주 위험해. 혹시 무슨 일 생기면 나한테 전화해."

그는 전화번호가 적힌 쪽지를 억지로 건네주었고, 난 이런 일도 다 추억이라
여기며 쪽지를 주머니에 넣었다. 때마침 데크가 도착했다. 우린 해변에서
물개를 보고, 항구의 음식점에서 칼라마리를 먹으며 시간 가는 줄 몰랐다.
하지만 행복은 그리 오래 가지 않았다. 데크에게 사정이 생겨서 그의 집에서
지낼 수가 없게 된 것이다. 날벼락도 이런 날벼락이 따로 없었다. 눈앞이
캄캄해진 그때 내 호주머니 속에서 구겨진 쪽지가 손에 잡혔다. 지푸라기라도
잡는 심정으로 그렇게 귀찮아했던 아이디에게 전화를 걸었다. 그는 흔쾌히
가족 파티에 날 초대하고 자기 집에서 날 재워주기까지 했다. 그날 밤,
아이디는 내게 구형 휴대전화를 내밀었다.

"너 한 달 동안 케이프타운에 있으면서 이거 써. 나는 이제 새 휴대전화가
있어서 이건 안 써. 여긴 정말 위험하니까 무슨 일 생기면 꼭 나한테 연락하고."

그날 밤 잠자리에서 내 머릿속은 복잡했다. 내가 공항에서 아이디에게 보여준
태도, 말투, 행동이 말도 못하게 부끄러웠다. 세계 무전여행을 하면서 가졌던
오픈 마인드는 어딜 가고 편견부터 가졌던 걸까. 말을 걸면 친구가 되지만
등을 돌리면 적이 된다는 말을 깊이 새긴 밤이었다.

새로운 만남, 즐거운 인연, 낯선 도전

두 번째 만난 친구는 뮈젠베르그에 사는 조슬렌이었다. 카우치 서핑 멤버들이
여는 파티에 우연히 참석하게 되었는데, 파티 장소가 바로 조슬렌의 집이었다.
나는 그 집을 본 순간 반해버렸다. 바로 눈앞에 그림 같은 아프리카의 해변이
펼쳐진 집이었기 때문이다. 내가 그 집을 하도 좋아하니까 조슬렌은 기분이
좋아서인지 나를 초대했다.

여기서 난 생애 첫 서핑에 도전하기로 했다. 머무르는 여행이니까 이곳에서
무언가를 배우고 즐길 만한 일이 필요했다. 난 배낭에서 해병대 복무 시절
입었던 라이프가드 반바지를 꺼내며 조슬렌에게 말했다.

"조슬렌! 나 이래 봬도 왕년에 라이프가드였어!"

사실은 라이프가드 마크가 새겨진 반바지를 샀을 뿐이었는데, 서핑은
힘들다고 충고하던 조슬렌에게 호기를 부긴 것이다. 이 거짓말은 곧 들통나고
말았다. 사실 조슬렌에게는 서퍼이자 라이프가드로 활동하는 쉐이크라는
아들이 있었다. 우린 금세 친해졌지만, 난 어쩐지 서핑 초보라는 걸 들키고
싶진 않았다. 다음날 나는 몰래 집을 나섰다. 하늘이 흐리면서 약간 쌀쌀한
이날의 날씨는 서핑하기에 적당하다고 했다. 바다 멀리 '상어 주의'라고
쓰인 깃발이 펄럭였지만 안전한 모양이었다. 모든 준비가 끝났다. 난 마치

전문 서퍼인 양 스트레칭을 하며 다른 서퍼들의 움직임을 살폈다. 어느 순간 보드에 오르는지, 어떤 파도를 잡아타는지, 어떤 동작을 하는지 뭐 그런 것들 말이다. 보기엔 쉬워 보였다. 하지만 첫 번째 파도는 그냥 보냈다. 만만히 볼 일이 아니었다. 운이 좋아서 보드에 올라 파도를 잡아탄다고 해도 파도를 타는 것보다 바다로 나가는 일이 정말 힘들었다. 3시간의 사투 끝에 겨우 몇 번 보드 위에 몸을 세운 게 전부였는데 지쳐 피곤한 몸을 이끌고 집으로 돌아와야 했다. 그리고 학교를 마치고 돌아온 쉐이크가 친절하게 건넨 한마디에 무너졌다.

"아까 낮에 잘 봤어. 역시 파도타기는 쉽지 않지? 처음에는 다 그래."

남아프리카에서 덴마크로 참가하는 포토 마라톤

조슬렌의 집을 떠나 덴마크에서 유학 온 조나스와 아만다 커플을 만났다. 이들의 집은 해변을 앞에 두고 맞은편에 테이블 마운틴을 바라볼 수 있었다. 며칠간은 해변에서 함께 수영을 하거나 조나스의 학교로 찾아가 강의를 듣기도 했고 한국 음식을 만들어 먹기도 했다. 그러던 어느 날, 조나스가 내게 덴마크에서 열리는 포토 마라톤에 참가 신청을 했으니 함께하자는 제안을 했다. 농담을 하나 싶었다. '덴마크에서 열리는데 어떻게 참가를 하라는 거야?'

라고 생각했다. 거절할까 했는데 설명을 듣고 보니 꽤 재미있는 이벤트였다. 포토 마라톤은 사진을 찍어서 이메일로 보내면 되는 온라인 마라톤이었다. 주최자가 포토 마라톤을 연다고 광고를 하고 상품을 내건다. 마라톤 당일이 되면 이메일을 통해 미션을 전달한다. 12시간 동안 미션을 하나씩 성공시키면 다음 미션을 시작할 수 있다. 예를 들어 '사랑', '일', '가뭄' 등의 주제에 맞춰 자기가 사는 동네나 집에서 사진을 찍어 보내면 된다.

사진을 파는 'Color Box'란 웹 사이트를 운영하면서 프로 사진작가의 꿈을 키우던 조나스와 함께 이 마라톤에 참가하기로 했다. 마라톤 당일 9시 정각, 이메일이 도착했다. 우린 주제에 맞는 사진의 콘셉트를 의논하고 케이프타운을 여기저기 돌아다니면서 수백 장의 사진을 찍었다. 진부한 사진도 있었고 모델을 기용하기도 했으며 추상적인 접사 사진도 많았다. 10시간쯤 후 마지막 사진을 보낸 다음 녹초가 되긴 했지만 어디서도 할 수 없는 경험이었다. 시간과 창의, 예술을 아우르는 마라톤이라니 생각지도 못한 재미있는 경험이었다. 또 케이프타운을 색다른 방식으로 여행할 수 있는 기회의 시간이었다.

현지인으로 사는 여행만의 깊은 매력

한 달간 사는 것처럼 여행하며 만난 친구들 덕분에 난 어떤 여행자보다도 더

깊이 케이프타운을 여행할 수 있었다. 여행자들은 '꾸며진 빈민촌' 투어를
하지만 나는 실제 빈민가에 사는 평범한 친구들을 사귀었다. 빈부격차가 왜
생겼는지, 실제로 얼마나 비참하게 생활하는지를 생생하게 봤다. 유명 맛집의
브라이Braai(남아프리카식 바비큐의 일종)가 아닌, 시장에서 재료를 사다가 친구들과
들판에서 해먹는 리얼 브라이 파티를 하며 토박이 음식 문화를 경험했다.
인종에 따라 구역이 나눠졌다는 해변을 거닐며 이들의 아픈 역사를 여행했다.
계속 이동하는 여행이 아닌 머무는 여행. 그건 어떤 문화를, 여행지를 조금 더
깊이 있게 즐길 수 있으며 청춘의 시간을 좀 더 알차게 쓰는 여행 방법일지도
모른다.

한 달간 한 도시 여행.
세계 무전여행 때와는
다른 여유를 느꼈다. 좀 더
가까이서 오래 지켜보며
함께 살아가는 여행.
결국 답은 사람이 가지고
있었다.

TRAVEL MEMO

○ **여행 기간**

29박 30일(홍콩, 요하네스버그 경유)
케이프타운만 여행한다면 일주일(체류
기간만)로도 충분하다.

○ **비자**

관광을 목적으로 90일간 무비자 체류가
가능하다.

○ **여행 전 준비**

남아프리카행 항공권은 떠나는 날짜에
따라 달라지는 특가를 잘 확인해야 한다.
보통 130~150만 원 정도이지만 특가의
경우 100만 원에도 구할 수 있다.
카우치 서핑은 일정이 확실해지면 출발
전 한 달 이내에 이메일을 보내는 것이
좋다. 일반적인 여행이라면 항공권
150만 원, 숙박비 1일 2~3만 원,

식비 1일 5만 원 정도를 예상하면
된다. 가고 싶은 관광지나 체험할 때를
대비해 여윳돈을 준비해도 좋다. 또는
현지에서 직접 벌어서 쓰는 방법도 있다.
나는 레스토랑에서 일주일 정도 서빙
아르바이트를 해서 월급은 없이 팁만으로
20~30만 원 정도를 벌었다.

○ **추천 여행지**

보통 케이프타운을 일주일 정도
여행한다면 테이블 마운틴, 희망봉,
펭귄을 볼 수 있는 볼더스 비치,
말레이인들이 최초로 정착했다는 보캅
마을 등을 둘러본다. 물론 이곳들도
좋지만 개인적으로 그보다 더 좋았던
곳을 소개하겠다.
와인을 좋아한다면 동쪽의 스텔렌보스
(Stellenbosch)의 여러 와이너리들을

찾아가 보길 추천한다. 독특한 피노타쥬 품종의 포도와 스텔렌보스로 향하는 도로에서 빈민촌 타운십(인종차별 정책으로 조성된 흑인 집단거주지역)을 슬쩍 눈으로 구경할 수 있다.

이 지역에서는 다양한 야생동물을 볼 수 있는데 치타가 사는 우리를 둔 와이너리도 있다.

자연 그대로의 모습을 가진 수영장, 다양한 색을 가진 서퍼 창고가 아름다운 뮈젠베르그(Muizenberg)는 케이프타운에서 봤던 해변 중 가장 아름다웠다. 테이블 마운틴을 제대로 보려면 한적한 우드 브리지 아일랜드(Wood Bridge Island)를 추천한다. 테이블 마운틴 북쪽의 시그널 힐에서 해안도로를 타고 10km 정도 북쪽으로 올라가면 만날 수 있는 곳인데, 끝없이 이어진 해변에서 바라보는 테이블 마운틴은 최고의 전경을 남긴다. 여기에서 2km 위쪽의 선셋 비치에서 바라보는 일몰도 추천한다.

○ **분실 주의**

아프리카행 비행기에서는 짐이 분실되는 경우가 많아 아예 배낭 전체를 랩으로 감싸거나 캐리어에 자물쇠를 다는 사람들이 많다. 하지만 이조차도 통째로 잃어버리는 경우가 생기므로, 기내용 배낭이나 캐리어에 이틀 정도 지낼 짐을 따로 챙기는 것이 좋다.

STELLENBOSCH

MUIZENBERG

WOOD BRIDGE ISLAND

내 생에
가장
뜨거웠던
한여름의
알래스카

여행을 계획할 때 제일 먼저 정하는
것은? '어디로?'가 대부분일 것이다.
그 다음이 '뭘 보러, 뭘 먹으러, 뭘 하러',
제일 마지막이 '누구와 함께? 아니면
혼자?'인 경우가 많다. '누구와 함께'를
먼저 고민하는 여행은 신혼여행이
유일할지도 모른다. 하지만 동행이
있는 여행을 한번 해보면 사람이 얼마나
소중한지 알게 될 것이다. 추억을
공유하고 서로의 부족함을 채워 훨씬
더 완벽해지는 여행.
인생도 마찬가지가 아닐까?

혼자 여행에 길들여진 나, 함께 갈 수 있을까요?

나는 220일간의 세계 무전여행, 30일간의 남아프리카 공화국 여행을 하며
혼자 하는 여행에 많이 길들여져 있었다. 혼자서는 여행 전체를 온전히
나만의 것으로 만들 수 있다. 단, '함께하는 추억의 순간'은 없었다.
그래서 가족이나 친구도 아닌, 타인과 떠나는 긴 여행을 해보고 싶었다.
청년들을 오지娛地로 여행을 보내준다는 『한국청소년 오지 탐사대』.
'숨소리마저 용맹한 젊음, 어디 없습니까?' 라는 강렬한 카피를 내건 홍보
포스터를 보는 순간 가슴이 떨려왔다. 여행할수록 새로운 장소, 경험에
목말라있던 나를 사로잡은 것은 바로 '오지'였기 때문이다. 난 그중에서도
알래스카에 꽂혔다. 이 기회가 아니면 갈 수 없을 곳이었다.
'오지 탐사대'는 한 대륙마다 10명의 청년들이 사람의 발길이 닿지 않는
세계 각지를 탐사하는 여행이다. 10명은 특기나 개성이 다 달라 역할을
분담하도록 선정됐다. 난 '요리'라는 독특한 장기로 선발되었다.
이 여행에서는 '체력'만이 좋은 조건이 아니었다.
누군가는 식사, 의료, 장비를 체크,
배분해야 하고 또 매일을 촬영하고
기록해야 한다. 혼자 떠났다면
이 모든 것을 혼자 하겠지만,
함께하는 여행에선 내가 맡은
부분만 최선을 다하면 될 것 같았다.

하지만 현실은 이상과 달랐다. 여행을 떠나기 며칠 전부터 합숙을 시작했다.
살아온 환경, 생각, 성격, 하다못해 사소한 습관도 다 다른 10명이 하나의
목소리를 내려면 많은 배려가 필요했다. 작은 일도 회의와 투표를 통해서
결정해야 했고, 각자 바쁜 10명이 한번에 모이는 시간조차 맞추기 어려웠다.
어떤 여행가는 여행을 할 때보다 떠나기 전에 준비하면서 더 큰 즐거움을
느낀다고도 말한다. 난 그저 '혼자 떠날 수 없어서 함께 가기로' 한 것이라고
생각했는데, 이 여행은 준비하는 날들마저도 잊을 수 없는 추억을 만들어
주었다.

상상 속의 알래스카는 눈 쌓인 광활한
대자연이었다. 청정 지역, 문명을 찾기 힘든 오지.
물론 현실은 그렇지 않았지만.

학수고대하던 오지, 알래스카로 떠나다

길고 길었던 준비 기간이 끝나고 드디어 다가온 출국일. 출발할 때가 되자
인원이 더 늘었다. 단장님과 대장님, 부대장님, 후원사 담당자, 촬영 PD,
이날 합류한 현지 대원까지 총 16명이 함께했다. 우리의 여정은 총 14박
15일로, 알래스카주의 가장 큰 도시인 앵커리지 근처 '와실라 호수'에 첫 번째
베이스캠프를 마련했다. 그리고 탐사는 세계에서 가장 큰 국립공원이라는
랭겔 세인트 국립공원, 미국에서 가장 아름답다는 데날리 국립공원, 그리고
해양 국립공원인 키나이 휘어드 국립공원을 다니는 것이었다. 물론 이 드넓은
땅을 열흘 남짓한 시간 동안 자세히 볼 순 없었다. 나의 역할은 베이스캠프를
떠날 때마다 16인분의 식단을 정하고 재료를 사서 매 끼니 요리하는
것이었다. 평소와는 다르게 제약도 많았는데, 일단 냉장고가 없다 보니
상하지 않을 재료들을 선택해야 했고 16명이 2~3일간 먹을 재료를 짊어지고
다녀야 하니 무게도 고려해야 했다. 정해진 예산 안에서 배불리, 영양도
균형을 맞춰 먹어야 했다. 각자의 식성은 제일 마지막에 고려할 조건이었다.
사용할 수 있는 캠핑용 가스나 코펠의 수도 정해져 있어서 조리 시간이
길거나 과정이 복잡한 요리도 제외되었다. 모두가 만족하는 식단을 짜느라
고민이 이만저만이 아니었다.

텐트 생활을 하던 11일 내내 비가 내렸다. 다행히
종일 내리지는 않았지만 변화무쌍했던 기후는 우리
사이를 더 가깝게 이어주었다.

류시형 » 사람 » 알래스카

설산과 빙하 속에서 요리하던 내 생애 가장 뜨거운 여름

기대하고 바라던 알래스카 여행은 좋기도 좋았지만 그보다 책임과 의무가
더 큰 경험이었다. 전공하던 요리를 하다 보니, 가끔은 여행이 아니라
직장처럼 느껴질 때도 있었다. 알래스카는 예상과는 달리 사람의 발길이
아예 닿지 않은 오지는 아니었다. 안전상의 이유로 많은 사람들이 손쉽게
오갈 수 있는 장소를 탐사했고, 심지어 베이스캠프에는 24시간 대형 마트도
있었다. 하지만 탐사는 군대 훈련을 방불케 하는 혹독한 체험이기도 했다.
매일 비가 내리던 알래스카의 산 속을 20kg짜리 배낭을 메고 걸어 다니다
보니, 마를 새가 없어 늘 축축한 텐트 속에서 씻지도 못한 채 16인분의 요리를
해야 했다. 생각과는 달리 문명의 혜택은 있었지만, 예상했던 여행보다 훨씬
혹독했다. 특히 모두가 일을 분담하기에 더 편할 것 같다는 생각은 여지없이
깨졌다. 상대적으로 체력이 약한 대원들의 짐을 함께 들어줘야 할 때도
있었고, 나와 상관없는 팀 내의 갈등에도 신경이 쓰였다.
모두가 정신적으로나 육체적으로도 힘들었지만, 그럼에도 불구하고
알래스카 여행은 내 생애 가장 '뜨거운' 여름으로 추억된다. 더워서 뜨거운
여름이 아니라, 열정이 넘쳐 뜨거운 여름이었다. 그 이유는 바로 사람이다.
더 이상 혼자가 아닌, 모두가 함께하는 여행이었기 때문이다.

꿈에 그리던 알래스카를 만나던 날. 그 두근거리던 순간을 잊을 수 없다.
사진을 담당하던 종오는 부지런히 움직이며 대자연을 누비던 우리를 멋지게 담아냈다.

류시형 » 사람 » 알래스카

두고두고 곱씹을 모두의 추억

여행을 다녀와서, 난 꽤 오래도록 알래스카를 회상했다. 남자들이 군대에서
있었던 일을 평생 꺼내듯 말이다. 사실 군대에서의 추억도 훈련보다는
'김 병장이 심부름을 시켰었네, 심 일병의 누나가 면회를 왔네' 같은
사소하지만 마음이 움직였던 일들이 대부분이다. 알래스카의 추억도
그러했다. 누가 짐을 더 많이 들었는지, 누가 식단 투정을 했는지, 심각할
때 누가 졸다가 뒤통수를 맞았는지, 산을 오르다 누가 다쳤고, 춥다고
하나 남은 위생 장갑을 끼겠다며 티격태격, 또 누가 밥을 맛있게 했는지,
봉사 활동을 할지 산행을 할지 언성 높여가며 했던 밤샘 회의, 산꼭대기에
올랐는데 누구 때문에 다시 촬영했는지, 밤 12시가 넘어서 카트 끌고
누구와 장을 보러 갔는지…. 그런 사소한 추억들 말이다.
우린 요즘도 만나 산행을 하고 여행을 하며 그때 그런 추억들을 안주
삼아 술잔을 기울인다. 알래스카의 설산이 얼마나 멋있었는지, 빙하가
얼마나 대단했는지는 그저 거들 뿐. 누구 덕분인지 때문인지 모르지만
음식물 쓰레기가 남지 않았는지, 누구 때문에 그 사진이 없는 건지 그런
시시콜콜하고 사소한 너와 나의 이야기들 말이다.

●

알래스카의 자연보호법은
알수록 놀라웠다. 인간의
편의를 위한 것이 아닌,
야생동물과 식물을
주인으로 생각하고
배려하는 법. 이 철학이
아름다움을 지키는
방법이 아닐까.

류시형 » 사람 » 알래스카

찐한 감동을 남기는 모두의 여행

알래스카 여행은 온통 나 혼자서는 만들 수 없는 추억, 이룰 수 없는
일이었다. 혼자서는 그 많은 짐을 지고 산이며 빙하며 드넓은 국립공원을
누비며 알래스카의 대자연을 느낄 수 없었을 것이고, 그 모든 순간을
기록으로 남길 수 없었다. 함께 짐을 나눠 들고 이 일 저 일을 도와가며
다녀야만 경험할 수 있다. 그리고 그 사람들과의 사소한 추억들, 그 모든 것이
하나로 모여 내 생애 가장 뜨거운 여름을 만들었다.
하지만 또, 그동안 내가 혼자 다녔던 여행의 추억도 결국 사람이었다.
세상에서 제일 맛있었다고 기록했던 음식 맛이 어떤지는 이제 잘 생각나지

류시형 » 사람 » 알래스카

않는다. 황홀했던 몽 생 미셸의 노을도 쨍한 붉은색이었는지 은은한 오렌지빛이었는지 잘 생각나지 않는다. 다만, 어디에서 누구를 만났고 어떤 일이 있었는지에 대해서는 어제 일처럼 생생하게 얘기해줄 수 있다.

만약 그 순간을 함께한 사람이 있어 나중에라도 만나 여행의 추억을 나눌 때, 우린 타임머신을 탄 것처럼 그곳에 가 있게 된다. 추억을 공유한다는 건 그래서 특별하다. 누군가와 같이 여행을 떠난다는 건 그런 의미에서 충분히 매력적이다.

여태 혼자 하는 여행만 좋다고 생각했던 나는 틀렸다. 알래스카 오지 탐사 여행을 다녀오며 내 생각은 그렇게 바뀌었다. 한번은 누군가와 함께 떠나는 여행을 생각하자. 어떤 장소나 목적이 아닌, 오랜 시간을 함께 나누고 싶은 그런 사람과 함께인 여행.

✺ 동료와 함께하는 여행이 아니었다면 나는 다시 그 무거운 배낭을 기꺼이 메고 자연 속으로 걸어갈 수 있을까.

TRAVEL MEMO

○ **여행 기간**

14박 15일
(인천 – 시애틀 경유 – 알래스카)

＊ 알래스카는 14박 15일이었지만 세계 여러
지역으로 떠나는 탐사대마다 기간이 달랐다.
매년 3~4월에 고등학생과 19~24세까지
일반인을 대상으로 모집하며, 탐사 지역은
매년 바뀐다. 포털 사이트에 '한국청소년
오지탐사대'로 검색하여 참고.

○ **여행 지역**

1일 : 이동

2~5일 : 랭겔 세인트 앨리아스

6일 : 앵커리지(와실라 호수)

7~10일 : 데날리 국립공원

11일 : 앵커리지(와실라 호수)

12~13일 : 키나이 휘어드 국립공원

14~15일 : 앵커리지, 인천

○ **준비물**

• **야영을 위한 도구** : 텐트, 매트리스, 코펠,
버너, 조리 도구(가위, 칼, 양념 세트 등),
그릇 등

• **산행을 위한 도구** : 배낭, GPS, 지도,
로프, 의류, 스틱, 헤드 랜턴 등

• **개인 물품** : 의류, 세면도구, 촬영 및 기록
장비(카메라, 노트북 등) 등

○ **비자**

한국과 미국은 2008년 11월 17일부터
미국 비자 면제 프로그램(Visa Waiver
Program)에 가입했다. 따라서
전자 여권을 발급받고, 전자 여행
허가제(Electronic System for
Travel Authorization)를 통해 입국
승인을 받아야 한다. 승인 결과는 출국
시에 제출해야 한다.

비자 면제 프로그램 승인을 받으면 여행 및 관광을 목적으로 미국에서 90일 동안 체류할 수 있다. 전자 여행 허가는 유효기간이 2년이며, 보통 72시간 이내에 신청이 접수된다. 전자 여행 허가 사이트에 접속해서 한국어를 클릭하면 신청서를 접수할 수 있다.

⌂ esta.cbp.dhs.gov/esta/
esta.html

○ 기타

알래스카는 지구 온난화를 직접 체감할 수 있는 지역인 만큼 자연 보호에 많은 법규를 정해두고 있다. 예를 들어 하루에 한 등산로에는 정해진 인원, 예약된 인원만 들어갈 수 있고 그 총 인원이 10명 이하여야만 한다. 산에서 사용한 모든 물품은 쓰레기까지 챙겨 와야 하며 자연적으로 발생한 썩은 나무, 죽은 동물은 치울 수 없다. 이런 몇 가지 규칙만 보더라도 알래스카의 국립공원은 철저히 자연을 우선으로 운영된다는 사실을 알 수 있다. 등반을 하거나 트레킹을 할 때는 알래스카의 규칙을 잘 이해해야만 즐거운 산행을 할 수 있을 것이다.

STOP & WAIT

국립공원 내에서 자동차를 운행할 때 야생동물을 마주하면 차를 멈추고 시동을 끈 상태에서 야생동물이 지나가길 기다려야 한다.

모자母子 여행,
그리고 부자父子 여행

언제부터였나, 아마 중학교 때부터였을 것이다.

어릴 땐 휴가 때마다 온 가족이 계곡으로 바다로 산으로

전국 곳곳을 누볐는데, 점점 가족이 함께 보내는 시간이

줄어들었고 친구와 함께하는 시간이 늘어났다.

함께 여행한 게 언제였는지 기억도 나지 않을 정도다.

난 여행을 그렇게 좋아해서 집에 붙어 있질 않았는데

정작 부모님과 함께한 여행은 기억에 없다니.

어느 날부터 나보다 작아진 부모님과 함께 떠나기로 했다.

류시형 » 사람 » 북경 & 오사카

자식은 자라고 부모는 늙는다

"엄마, 나랑 같이 여행 갈래?"

이 말 한마디 하기가 왜 그렇게 어려웠나. 괜히 힘들고 어색할 것 같아 엄두도
못 냈던 여행. 어느 날, 누나가 대뜸 물었다.

"너 엄마 모시고 여행 다녀올래? 아빤 안 가신대. 누나가 엄마 비용 댈 테니까
네 비용은 네가 내고 다녀와."

문득, 나이가 들었다는 걸 실감했다. 내가 부모님을 모시고 여행을 갈
정도로, 엄마에게 가전제품을 사서 보내드릴 정도로, 가끔씩 아빠가 나보다
작아졌다고 느껴질 정도로.
이렇게 누나의 제안을 계기로 3박 4일 북경으로 패키지여행을 다녀왔다.
패키지여행은 답답하고 불편할 것 같았는데 다녀오니 그리 나쁘지도 않았다.
중국어를 전혀 모르는 우리 모자가 여행하기에 패키지여행만 한 게 있을까
싶을 정도였다. 배고플 때 식당에 데려다 주고, 딱 피곤할 때가 되면 쉬고,
눈을 감았다 뜨면 관광명소 앞에 내려줬다. 유적지를 가면 역사, 사진 찍기
좋은 명당까지 자세하게 알려줬다. 함께 다니는 사람도 많아 치안에 불안할

것도 없었다. 모든 것이 거의 정해진 대로 움직였다. 가끔 중국 여행에
필수라는 라텍스, 실크, 진주 등의 쇼핑 상점을 가는 것만 빼면 대체로
만족스러웠다.

내 입장에선 외국의 풍경과 문화를 엄마와 함께 느낄 수 있고, 무거운 짐도
들어드릴 수 있고 기념품도 선심 쓰듯 사드리고, 저녁엔 호텔에 들어와 여행
이야기를 나누며 맥주도 한잔 기울일 수 있다는 것이 굉장히 뿌듯했다.
엄마의 보호자가 된 기분이었다. 내가 하고 싶은 것을 못 하고 가고 싶은 곳을
못 가도 엄마가 소녀처럼 좋아하는 모습을 보면 그게 그리 싫지 않았다.

이제 다시는 돌아오지 않을 엄마와의 시간

엄마의 첫 외국 여행이었다. 엄마는 그 동안 내 여행 이야기를 들으며 얼마나
함께 가보고 싶었을까. 돈이 많이 들까봐 '싫다, 싫다'라고 거절하시던 엄마의
속내는 사실 얼마나 가고 싶으셨을까. 별로 비싸지도 않았던 진주 팔찌를
만지작거리던 엄마를 보고 무심하게 '하나 사줄까?'하며 사드렸는데 그게
그렇게 좋으셨는지 매일 하고 다니던 엄마가 생각난다.

뭐든 처음이 어렵다고 한번 다녀오니 또 함께 가고 싶다는 생각이 들었다.
엄마도 다음을 기대하는 눈치였다. 하지만 그런 기회는 다시 찾아오지 않았다.
다음 해에 엄마는 위암 말기 판정을 받았고, 여행은 생각하기도 힘든 2년간의
투병 생활 끝에 생을 마감했다.

엄마와의 여행이 이토록 좋은 줄 진작 알았더라면, 아니 좀 더 일찍 함께
여행을 시작했다면 더 많은 곳에서 더 즐거운 추억을 쌓았을 텐데, 내가 봤던
더 넓은 세상을 보여드리지 못한 아쉬움이 나를 아프게 했다.

작아진 아빠, 늙어버린 아빠와 함께 떠나다

더 늦기 전에 홀로 남은 아빠와 함께 떠나고 싶단 생각이 간절하게 들었다.
아빠는 처음에는 거절하시다가 반쯤 설득이 되었는데, 한사코 외국 여행은
가고 싶지 않다고 하셨다. 아마도 엄마처럼 돈이 많이 들까봐 걱정했기
때문이었을 것이다. 부모님은 항상 그랬다. 그 마음이 더 아파서, 계속된 설득
끝에 결국엔 가까운 일본 오사카로 함께 떠날 것을 약속했다.
오사카는 자신 있었다. 이미 여러 번 다녀온 곳인데다가 일본어도 약간 할 수
있었고 대중교통도 잘 되어 있기에 아빠를 모시고 다니기엔 안성맞춤이었다.
게다가 짧게 다녀올 수 있다는 건 가장 큰 장점이었다. 여행을 오래 가는
것도, 돈이 많이 드는 것도 싫어하는 아빠에게 그 두 가지를 한 번에 해결하는
여행지는 일본이었다. 오사카는 이틀이면 충분히 둘러볼 수 있어서 대개는
근처 교토나 나라, 고베 등을 하루 정도 다녀오는데 우린 좀 더 여유를 갖고
천천히 오사카만 둘러보기로 했다. 비행기 출발 시간이 너무 일러 아빠는
하루 전날 서울에 와서 나와 함께 호텔에서 1박을 했다. 그리고 2박 3일의
오사카 여행이 시작됐다.

여행의 첫날, 외국 여행이 처음인 아빠는 비행기에 타면서부터 뭐든 신기해했다. 내가 아주 어렸을 때 함께 갔던 제주도 여행 이야기를 하며 얼마 만에 타보는 비행기인지, 음식은 나오는지, 음료는 뭘 주는지, 이런 답답한 걸 10시간씩 타고 어떻게 유럽까지 가느냐며 끊임없이 얘기했다. 내겐 어느새 당연해진 것들이 아빠에게는 새로운 것들이었다.
간사이 공항에 도착해 여러 관광지에 입장할 때 혜택이 있는 오사카 주유 패스 2일권을 끊고 아빠에게 물었다.

"아빠는 어디 가보고 싶어? 어떤 음식을 먹고 싶어?"

내가 몰랐던 아빠를 알아가는 시간

"뭐라고? 자연사 박물관? 산타마리아 범선? 스시?"

그랬다. 나는 아빠를 너무 몰랐다. 오사카를 왔으니 당연히 오사카의 명물인 오코노미야키나 타코야키는 먹어야지 했는데, 일본이 처음인 아빠는 일본의 대표 음식인 스시가, 라멘이, 일본식 돈가스가 궁금했던 것이다. 아빠는 사람들이 북적이는 도톤보리에서 구리코 상의 포즈를 따라하며 사진을 찍는 데는 관심이 없었다. 오히려 아빠의 관심사였던 보석이나 광물, 역사가 있는 자연사 박물관을 가고 싶어 했다. 콜럼버스의 산타마리아호를 재현한 범선을 타며 바다를 느끼거나 덴노지 동물원에서 곰, 호랑이 같은 맹수를 보는 걸 좋아하셨다. 내가 좋아하는 공중 정원 전망대는 고소공포증이 있어서 오히려 무서워했다.

나 혼자 했던 오사카 여행과는 전혀 다른 여행이었다. 어떤 날은 편의점 과자에 캔맥주를 마시며 마무리하기도 했고 또 어떤 날은 작은 선술집에서 꼬치를 구워 먹어가며 생맥주를 즐기기도 했다. 내가 모르던 아빠의 모습을 발견하는 시간들이었다. 생각해보면 아빠와 함께 보낸 시간은 내 사춘기 이전이 마지막이었다. 그때 아빠는 대단해 보였고 뭐든 다 할 수 있는 만능이었다. 바둑도 나보다 잘했고 테니스도 나보다 잘했다. 물어보면 모르는 것이 하나도 없었다. 그런 아빠가 항상 든든했다. 하지만 사업에 실패한 후 아빠는 생업에 더 많은 시간을 보내야 했고 나는 학업에 집중했다. 시간이 지날수록 우린 대화하는 시간이 줄어들었고 함께 밥 먹는 시간이 사라졌다. 대학에 진학한 후에는 독립하는 바람에 일주일에 한 번 정도 통화나 하는 수준으로 멀어졌다. 그런 통화조차 근황을 물으면 귀찮아했고 알아서 잘하고 있다는 퉁명스런 대답으로 받기 일쑤였다. 명절이나 생일처럼 특별한 일이 없으면 집에 가지도 않았다. 그러는 사이 우린 서로 많이 변했다. 든든했던 아빠는 많이 늙었고 더 이상 만능이 아니었다. 나보다 못하는 것도, 모르는 것도 많아졌다. 나는 그렇게 아빠를 잘 모르는 아들이 되었다.

진심을 알아챌 수 있는 가장 좋은 방법, 여행

짧았던 여행이 끝나고 한국으로 돌아오는 비행기에서 아빠에게 물었다.
여행하는 동안 어떤 게 제일 좋았는지, 뭐가 제일 맛있었는지. 아빠는 짧게
대답했다.

"아빠는 너랑 서울에서부터 3박 4일 동안 이렇게 오래 얘기하고 같이 있을 수
있어서 좋았어."

울컥했다. 전혀 생각지도 못했던 대답이었다. 스시가 맛있었다거나 자연사
박물관의 고래 뼛조각에 대한 얘기를 생각하고 있었는데, 아빠는 나와 보내는
시간에 훨씬 더 집중하고 있었다. 난 왜 그렇게 무심했을까. 엄마를 그렇게
보내고 나서도 달라진 게 없었다. 비행기 안에서 많은 생각을 했다. 더 늦기
전에 아빠랑 많은 시간을 보내고 싶다는 생각, 다음에도 또 같이 떠나고
싶다는 생각, 여행 파트너로 아빠는 참 든든하다는 생각까지.

아빠에게

아빠. 엄마를 보내고 난 첫 해 겨울이었던 것 같아.
계룡 성원아파트 옆에 눈이 쌓인 길을 함께 걸었던 그날 밤 말이야.
길이 미끄러워 아빠가 혹시 넘어질까 봐 손을 잡고 걸었지.
손이 참 따뜻했고 아빠가 해준 말이 너무 따뜻했어.

'아빠가 어렸을 땐 정말 힘들어서 굶어 죽는 사람도 있었어.
요새는 그렇지 않잖아. 뭘 해도 먹고 살 수 있잖아.
그러니까 너는 좋아하는 일을 계속 했으면 좋겠어.'

그 말이 내게 아주 큰 힘을 줬고 그 후로도
내가 좋아하는 일을 계속 할 수 있었어.
아빠는 지금도 여전히 내게 든든한 사람이야.
고마워요 항상.
조만간 우리 또 함께 여행 가자.

CHAPTER 2

keyword

힐링

writer

박진주

l i n g

◇

'청춘' 하면 떠오르는 흔한 이미지. 에너지 만렙을 자랑하고
밥 굶고 잠 안 자도 끄떡없이 몇 날 며칠 쌩쌩할 것이다?
하지만 청춘들도 굶으면 배고프고 힘 쓰면 지친다. 아무도
알아주지 않는 고달픔을 참아가며 살아가는 청춘들, 노력해도
안 되는 좌절감이 수시로 미래를 어둡게 하는 지금 이 시대의
청춘들. 우린 지금 강렬하게 '힐링'에 목말라한다.
박진주 작가는 '힐링'이라는 키워드를 아름다운 풍광과 따뜻한
위로가 되는 이야기에 숨겨서 토닥토닥 달래듯 소개한다.
우리가 여행을 떠나고 싶은 수많은 이유 중에서 가장 큰 지분을
차지하는 건, 휴식을 통해 지친 마음을 달래고 새로운 즐거움과
추억으로 삶의 활력을 되찾고 싶은 그런 기대감이 아닐까.

도망치듯 떠났지만
내 생애 최고의 휴가

BALI

박진주 » 힐링 » 발리

사회에 나와서 처음 돈을 번 일은 작은 사업이었다.
호기심에 재미 삼아 시작한 일이 운이 좋게도 잘 풀리면서
어린 나이에 벌기 어려울 만큼 돈을 벌었지만, 만족도는
정반대였다. 그 일은 몇 년 동안 하면 할수록 내 적성과
맞지 않았고 스트레스가 극에 달해 외롭고 불안하고
힘겨웠다. 주변 사람들에게 하소연을 해봐도 이렇게나
사업이 잘 되는데 고작 그 정도 스트레스 때문에 일을
그만두는 것은 말도 안 된다, 이 세상에 쉬운 일이 어디
있겠느냐, 누구나 그 정도는 힘들다 등등. 내 주위
사람들은 내 행복은 안중에도 없는 것 같았다.
내 유일한 낙은 오직 여행이었다. 그 바쁜 와중에 어렵게
시간을 내면 1년에 한두 번, 5일이나 6일 정도 기회가
생겼고 그 여행만이 내 삶의 활력소이자 구세주였다.
그때부터였던 것 같다. 여행만 다니면서 살고 싶다고
꿈을 꾸기 시작한 것이.
하지만 현실은 아침에 눈 뜨면서부터 잠들 때까지 전쟁
같은 일상을 치러야 하는 처지. 그 속에서 '내가 좋아하는
여행만 하고 산다'는 것은 뜬구름 잡는 것처럼 막연했다.
마치 미스코리아가 되고 싶다는 어린아이의 꿈처럼
누구나 한번쯤 꾸는 허상처럼 느껴졌다. 그래서 도전해볼
생각은 하지도 못한 채 하루하루를 겨우 버티며 살았다.

그즈음 난 돈 버는 기계처럼 일을 하고 있었고 작은
문제에도 지나치게 스트레스를 받아서 몸과 마음은
만신창이가 되어갔다. 하루하루 매출에 따라서 내
기분은 들쑥날쑥 널을 뛰었고, 심적으로도 불안정해졌다.
어려움을 이겨낼 만큼 일에 대한 열정과 애정이 부족했던
것 같다. 주변에서는 지금 일을 그만두면 분명히 후회할
거라고 말렸지만 나는 더 버틸 수 없었고 결국 포기하고야
말았다. 과감히 일은 그만뒀지만 그때부터가 문제였다.

'난 이제
뭘 해야 할까?'

아무 계획도 없이 덜컥 그만둔 다음에 찾아온 후폭풍은
막막함이었다. 답이 없는 고민에 빠져 있던 중, 발리가
떠올랐다. 일하느라 바빠서 겨우 4박 6일 동안 다녀왔던
곳. 그동안 다녀온 여행지 중에서 유난히도 잔상이 많이
남아 언젠가는 꼭 한 번 오래 머물고 싶었던 곳. 망설일
것도 없이 숙소도 예약하지 않고 항공권만 겨우 사서
도망치듯 발리로 떠났다. 고작해야 3박 5일, 4박 6일이던
여행에서 벗어나 처음으로 경험하는 한 달 동안의 장기
여행이었고 혼자만의 여행이었다.

그렇게 떠난 탓일까. 발리는 도착하자마자 실수의
연속이었다. 급하게 산 항공권이 경유 편이라 추운 공항에서
오들오들 떨며 노숙을 해가면서 겨우 발리에 도착했다.
어리숙하게 환전을 시도하다가 사기를 당하기도 하고,
말도 안 되는 가격에 바가지를 쓰기도 했으며 숙소는
설명과는 전혀 다르게 낡고 뜨거운 물도 나오지 않아 덜덜
떨면서 샤워를 해야 했다. 그런데 이상했다.

이 정도면 발리가 싫어질 만도 한데,
아침 해가 뜨고 날이 밝으면
뭐가 그리 행복한지 가슴이 터질 것 같았다.

아침이면 꾸따 비치에 나가 산책을 하고 스미냐까지 땀을
뻘뻘 흘리면서 걸으며 온몸으로 발리를 만끽했다. 종일
해변에 앉아 비치 보이들과 농담이나 주고받으며 선셋
타임을 기다렸다가 하늘과 바다를 온통 붉게 물들이는
석양을 보고 숙소로 돌아왔다. 밤에는 숙소 스태프들과
시원한 빈땅 맥주를 마시면서 하루를 마감하곤 했다.
에어컨은 언감생심 꿈도 못 꾸게 낡아 문짝마저 덜렁거리는
고물 버스를 타고 동부의 짠디다사로, 북부의 로비나로
자유롭고 씩씩하게 유랑했다. 지독한 감기에 걸려

오한으로 온몸을 덜덜 떨면서도 돌고래가 너무나 보고
싶어서 새벽같이 일어나 로비나 바다 한가운데로 배를
타고 떠나기도 했다. 턱이 덜덜 떨릴 정도로 춥고 온몸이
구석구석 아팠지만 날 반겨주듯 바다 위로 폴짝폴짝
뛰어 올라 인사하는 돌고래를 보고 얼마나 기뻤던지! 또
발리에서 가장 아름다운 바다를 볼 수 있다는 멘장안까지
혼자 달려가 환상적인 발리의 바닷속까지 누비고 다녔다.
난 한 달 동안 참으로 열심히, 용감하게 발리 곳곳을
탐닉했다. 월화수목금금금 죽도록 일하는 틈틈이 그렇게도
꿈꿔왔던 여행을 지금 이 순간 즐기고 있다는 사실이

매순간 가슴 벅찼다. 이런 순간을 얼마나 꿈꿨던가.
그렇게 내 생애 가장 아름다운 한 달을 보냈다.
발리는 그 후에도 몇 번이나 다시 여행했지만 이렇게
황홀하고 강렬한 시간들은 두 번 다시 없었다. 하기야,
이제는 땀을 몇 바가지나 흘리면서 몇 시간씩 에어컨도
없는 고물 버스를 탈 자신도 없고 혼자서 겁도 없이 발리
방방곡곡을 다닐 무모함도 사라진 것 같다. 앞뒤 재지
않고 이런 고생도 추억이라며 신나게 여기저기 누볐던 그
시간은 내가 청춘이었기에 가능했던 여행이다.
언제든 떠올리면 가슴이 저릴 정도로 벅찬 내 청춘의
한 페이지. 길고 긴 인생에 점과 같이 짧은 한 달이었지만
가장 값지게 보낸 한 달이었다.
시간이 이대로 여기서 멈췄으면 좋을 만큼 행복한
날들을 보냈지만 치열하게 몰두했던 일을 그만두고 왔기
때문일까, 여행이 끝나갈수록 마음은 막막해졌다.

'한국으로 돌아가면 이제 나는 무엇을 하고 살아야 하지?'
'일을 하느라 대학은 졸업도 안했는데 공부는 언제 마칠 수 있을까?'
'공부를 마치고 나면, 그땐 무슨 일을 할 수 있지?'
'정말 내가 하고 싶은 일은 뭐지?'

꼬리에 꼬리를 무는 끝없는 물음표에 다시 마음이
혼란스러워졌고 떠날 날이 가까워질수록 초조하고
불안해져 잔뜩 찌푸린 얼굴로 한숨만 쉬곤 했다.

"무슨 일 있어? 일주일 전만 해도 매일 즐거워 보였는데
요즘은 슬퍼 보여."

매일 시답지 않은 농담 따먹기를 하던 숙소의 스태프
데위가 물었다.

"한국에 가면 이제 내가 무엇을 할 수 있을지 모르겠어.
여행이 끝나가니 현실적인 걱정들 때문에 아무것도 하고
싶지가 않아."
"그럼 계속 걱정을 하면 그 문제를 해결할 수 있어?"
"그건 아닌데 걱정이 머릿속에서 떠나지 않아."
"걱정해도 답이 없는데 그렇게 걱정만 하는 건 너무 바보
같아. 여기는 발리야. 이렇게 아름다운 발리에서 울상
짓고 걱정만 하는 바보는 너밖에 없을 거야."

깔깔거리며 웃는 데위에게 뭐라고 반박하고 싶었지만
맞는 말이었다. 그래, 맞다. 나는 이 머나먼 발리까지

◆

내게 다시 오지 않을 선물 같은
시간. 내가 해야 할 일은 미래에
대한 걱정과 불안으로 시간
낭비하는 것이 아니라, 바로 지금
이 순간을 즐기는 것이었다.

와서 혼자 방에 처박혀서 걱정만 하며 시간을 낭비하고
있다. 이 얼마나 바보 같은가. 일단 걱정을 접어두고, 남은
여행이나 더 신나게 즐기기로 했다. 아침부터 저녁까지
두 발로 열심히 걸으며 이곳의 풍경, 공기, 사람들, 모든
것을 마음 깊이 담았다. 그러다가 다시 돌아오지 않을 이
시간들을 여행기로 남겨보면 어떨까 하는 생각으로 잠이
오지 않는 밤에는 펜을 잡고 노트에 기록을 했다. 그렇게
기록한 이야기들과 사진들을 발리의 어느 PC방에서 느려
터진 컴퓨터로, 발리에서 만난 여행자 언니의 노트북으로
인터넷에 올리기 시작했다. 그저 일기라고 생각하며
소소하게 남긴 나의 좌충우돌 발리 여행기는 생각보다
많은 사람들이 재미있게 봐주었고, 그 응원과 댓글에
힘입어 나는 더 신나게 여행기를 올렸다.
인생이란 정말이지 알 수 없는 길이다. 그토록 미래에
대한 불안감으로 가득한 긴 터널에 갇혀있던 나에게
거짓말처럼 행운의 기회가 왔다. 한 달간 혼자서 여행한
좌충우돌 발리 여행기를 여행 커뮤니티에 올렸던
것이 생각보다 반응이 좋았다. 그것만으로도 기분이
좋았는데, 마침 그때 커뮤니티를 도울 사람을 모집하고
있었고 혹시나 하는 마음에 지원을 했는데 운 좋게
스태프로 뽑히게 되었다. 직장처럼 보수를 받는 일은

아니었지만 내가 그토록 좋아하는 여행에 관련된 일을
돕는다는 생각만으로도 신나고 행복했다. 아마 처음으로
내가 좋아하는 일을 하면서 느끼는 기쁨을 맛보았던 것
같다. 그것을 계기로 꾸준히 몇 년간 활동을 하다 보니 여행
커뮤니티에서 출간하는 여행 가이드북에 저자로 참여하는
기회를 얻었고 어엿한 여행 작가가 되는 행운까지 얻었다.
지금 생각해도 기가 막힌 타이밍에 만난 기적 같은
행운이었다. 만약 내가 일을 그만두지 않았다면? 무작정
발리로 떠나지 않았다면? 발리에서 여행기를 쓰는 대신
방에서 혼자 우울해하기만 했다면? 여행 커뮤니티에
스태프로 지원하지 않았다면? 아마 절대로 일어나지 않았을
기적이었다. 도저히 버틸 수 없다는 간절한 마음에 시작한
나의 사소한 행동이 나비 효과처럼 번져, 너무나 멀고도
꿈같은 이야기라 장래희망이라고 말할 수도 없었던 진짜
꿈, 여행 작가가 된 것이다. 인생에서는 하나의 문이 닫히면
또 하나의 문이 열린다고 했던가. 이제 난 뭐 먹고 사나 하는
고민을 하며 눈물로 마무리했던 발리 여행이 아예 꿈도
못 꿨던 여행 작가로 만들어준 거다.

난 이렇게 우연한 기회에 여행 작가가 되었지만,
지금 생각하면 왜 좀 더 빨리 더 적극적으로 도전해 보지
않았는지 후회가 될 때가 있다. 돌이켜 생각해 보면 나는
아주 어릴 적부터 꿈을 지나치게 빨리 포기했던 것 같다.
여행과 사진을 좋아했으면서도, 그런 일을 직업으로 삼는
사람은 정말 극소수인데 내가 감히 그 일을 할 수는 없을
거라고, 그건 허황된 생각일 뿐이라고 여겼다. 사진학과를
목표로 입시 준비를 해보고 싶었지만 늦었다고 생각했을 때가
어처구니없게도 고등학교 2학년 때였다. 지금 생각해도
왜 그렇게 자신감이 없고 소극적이었는지 모르겠다.
뭔가를 진심으로 원한다면 이루어진다는 말은 거짓말이
아니었다. 언제나 마음 한구석에 덮어놓고 모른 척했던
꿈을 뒤늦게나마 쫓게 되었고, 멀리 돌아가기는 했지만 결국
그 길을 걷게 되었다. 지레 겁먹고 꿈도 꾸기 전에 포기하는,
나 같은 누군가에게 꼭 이렇게 말해주고 싶다.

"당장 그 꿈을 향해 떠나 봐.
　원하는 것이 있다면 뒤도 보지 말고 일단 돌진해 봐.
　비록 지금 당장 그 바람이 이뤄지지 않을지라도
　분명 그 길에는 크고 작은 행운들이 있을 테니까."

가슴 뛰는 일을 위한

열정과 에너지 충전!

SINGAPORE

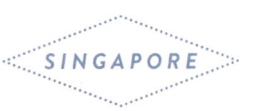

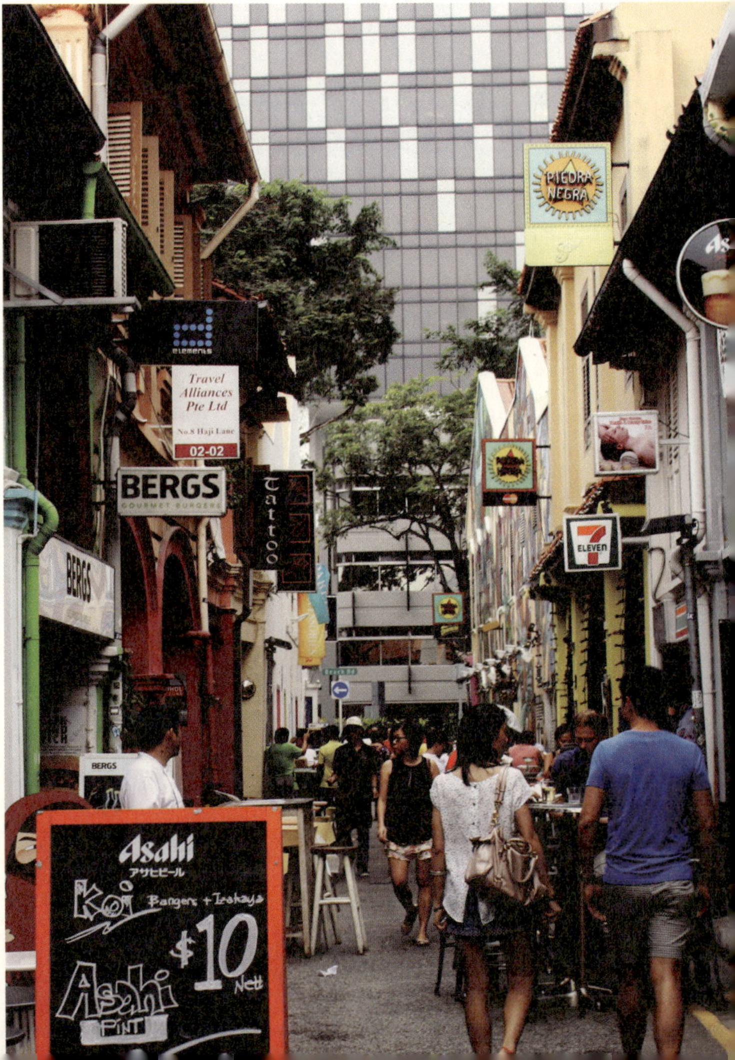

박진주 » 힐링 » 싱가포르

즐기기만 하던 여행자가 아닌 '여행 작가'라는 이름으로
떠난 첫 출장지는 필리핀이었다. 꿈에 그리던 여행 작가로
첫걸음을 떼는 여행이었기에 잔뜩 기대에 부풀었지만,
막상 현지에 도착했더니 취재는 어렵기만 했고 여행자와
여행 작가의 여행은 본질부터 달랐다.
첫 취재 출장이다 보니 시험대에 오른 것처럼 현장에서
즉흥적으로 주어지는 테스트 아닌 테스트가 많았다.
동반한 메인 작가 선배에게서 호텔을 취재하라는 미션을
받고 무작정 호텔 로비로 가서는 밑도 끝도 없이 매니저를
만나고 싶다고 요구했으나 대답은 당연히 노№.
한 번, 두 번 차갑게 거절을 당할 때면 목소리는 개미 소리만큼
작아졌고 그렇게 소극적이고 자신감 없는 태도 때문에
혼나기도 많이 혼났다. 지금이야 능숙하게 사전에 연락을
해서 미팅 약속을 잡지만 초짜 시절에는 그런 방법을 알 길이
없었다. 어렵게 호텔 매니저를 만나면 뭐하나, 그 다음이
문제였다. 호텔의 시설과 서비스, 가격 등을 묻는 긴 인터뷰를
이어나가야 하는데, 처음에는 어찌나 긴장이 되던지 밤늦게까지
달달 외웠던 질문들이 하얗게 사라져버려 말문이 막히기가
일쑤였다. 다행히 취재 수첩 한쪽에 커닝페이퍼처럼 적어둔
질문들을 눈치껏 보면서 인터뷰를 이어갔다.

그토록 아름답다고 소문난 보라카이의 화이트 비치도
초짜 작가에겐 그림의 떡이었으니, 바닷물에 발 한 번
담가보지 못한 채 발을 동동 구르며 뛰어다녔다.
비가 내려도 우산 쓸 정신이나 여유도 없어 머리카락은
물미역이 된 채로 그야말로 열혈 취재를 했다. 처음 겪는
환경과 맨몸으로 부딪혀야 하는 돌발 상황들 때문에
하루하루가 긴장의 연속이었다. 그저 모든 것이 부족한
내가 원망스럽던 시절, 어리숙한 실수에 호되게 혼이 나기
일쑤였다. 그럴 때면 필리핀 바닷가 모래사장에서 남몰래
엄마에게 전화를 하면서, 이른 시간에 아침을 먹으면서
쓰디쓴 눈물을 흘렸다.

그럼에도 불구하고 한 가지 분명한 것은
내 가슴이 어느 때보다 힘차게 뛰고 있었다는 것이다.

돌이켜보면 해병대 훈련이 이렇게 힘들까 싶을 정도로
내 생에 가장 힘든 여행으로 기억될 첫 취재 여행은 내
인생을 바꾼 여행이었다. 내 이름이 인쇄된 첫 책을 받았을
때의 그 짜릿함이란! 세상 어느 것과도 바꿀 수 없는
희열이 온몸을 흔들었다.

필리핀에선 메인 작가 선배님을 돕는 보조 역할이었다면,
싱가포르는 내가 진짜 여행 작가라는 무대에 홀로 서게 된
첫 여행지였다.
몇 번의 보조 작가 경험을 거쳐 나 혼자 떠난 첫 취재 여행.
그 의미를 잘 알기에 더욱 설레는 마음과 의욕을 가득 품고
싱가포르 곳곳을 누볐다. 온몸이 타들어갈 만큼 더운 날씨에
더위를 먹어 정신이 혼미해지기도 하고 탈이 나기도 했다.
여유롭게 도시를 즐기는 사람들 사이로 땀을 뻘뻘 흘리며
뛰어다녀도 힘들기는커녕 마냥 즐겁고 행복했다.

◆ 계속되는 강행군에 수면 부족은 기본이고, 뜨거운 자외선에
얼굴은 벌겋게 익고 무거운 카메라와 짐으로 온몸이 쑤셔도
힘들기는커녕 매 순간 가슴 벅차게 행복했다.

125

MUSE INC
TAILORS
HAPPY HARRY'S
TAILORS
254

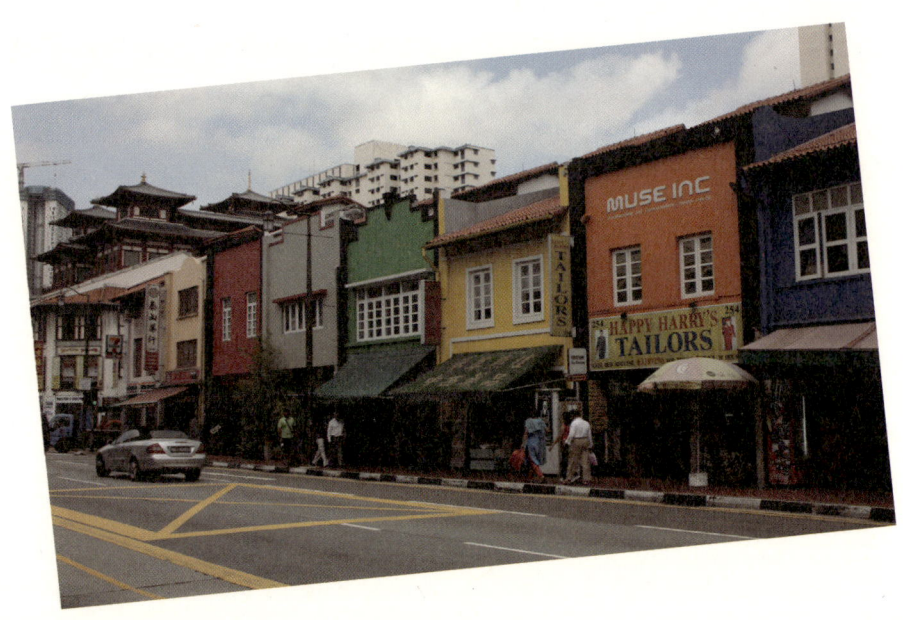

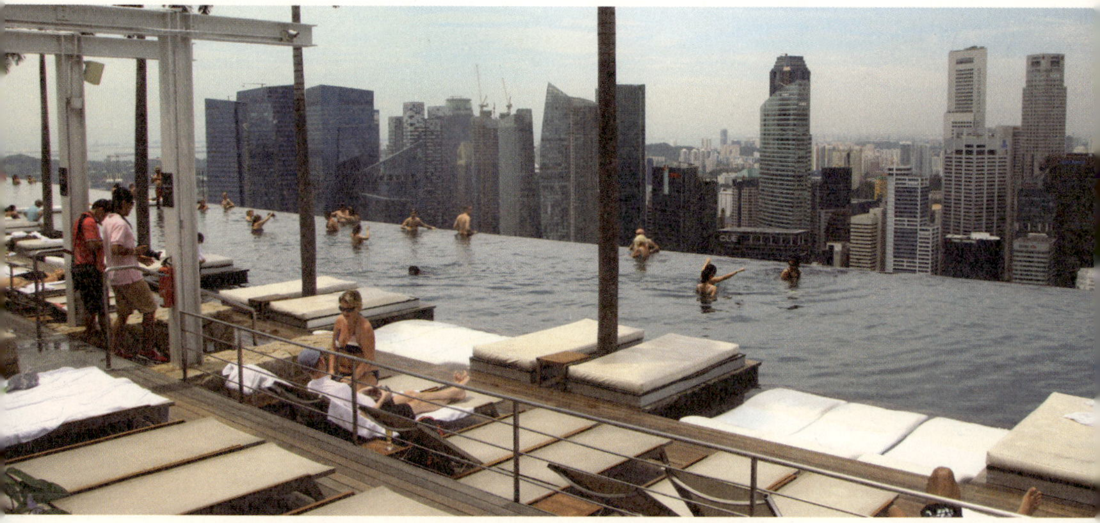

여행 작가의 일은 공항에 도착하는 순간부터 시작이다. 온 신경을 곤두세워 모든 교통수단, 가격, 관광, 숙소, 맛집 등을 체크하고 사진도 찍어야 했다. 남들은 신나게 춤추고 즐기는 클럽에 가서도 난 커다란 DSLR 카메라에 삼각대까지 메고 쿵쾅대는 음악 속에서 목청 높여 입장료와 가격, 영업시간 등을 체크하고서야 하루를 마무리할 수 있었다. 하지만 취재를 끝낸 후에 에스플러네이드(싱가포르의 복합문화공간으로 공연, 전시 등이 상시 열린다) 앞 계단에 앉아 벌컥벌컥 들이마시던 타이거 맥주의 맛은 황홀하기만 했다. 수면 부족에 다크 서클은 계속 짙어지기만 하고, 뜨거운 자외선에 얼굴이 벌겋게 익는 것은 당연지사. 체력도 점점 바닥을 드러냈지만 곳곳에서 마주치는 아름답고 놀라운 이국의 풍경은 내 가슴을 설레게 했고 더 잘해내고 싶다는 욕심과 또 어떤 것들이 나를 기다릴까 하는 기대감뿐이었다. 싱가포르 여행을 통해 이 일이 내 천직임을 확신할 수 있었다.

가이드북은 출간했다고 끝이 아니다. 출간 후에 계속 정보가 바뀌거나 새로 생긴 곳들을 취재하기 위해 정기적으로 여행지에 다녀와야 한다. 나도 역시 싱가포르를 주기적으로 다녀온다. 그렇게 다시 갈 때마다 과거에 인연을 맺은 사람들을 다시 만나게 되는 것도

이 일의 큰 즐거움 중 하나다. 그중에서도 제니퍼는 나와
특별한 인연이다. 싱가포르를 첫 취재하던 때 만난 어느
호텔의 어시스턴트 매니저였다.

"안녕하세요. 제 이름은 제니퍼입니다. 오늘 담당 매니저
대신 제가 나왔어요. 일요일에 미팅을 잡게 돼서 미안해요."

난 그제야 그날이 일요일임을 깨달았다. 출장을 가면
일정이 빠듯하고 할 일은 많아 요일은 잊어버리기 일쑤다.
나야 그렇다 치고, 직장인들이야 어느 누가 일요일에 일을
하고 싶을까. 신참 직원을 대신 내보낸 상사의 마음도 충분히
이해됐다. 오히려 쉬는 날 상사를 대신해 나온 제니퍼에게
더 미안했다. 취재를 마친 후 제니퍼가 내게 물었다.

"일요일인데 이제부터 뭐 할 예정이에요?"
"글쎄요. 오늘 할 일은 다 해서 모처럼 짬이 나는데 막상
시간이 생기니 무엇을 해야 할지 고민이네요. 어디 좋은 곳
없나요?"

제니퍼는 나의 질문을 기다렸다는 듯, 아는 사람들만 안다는
싱가포르의 핫 플레이스들을 쏟아내기 시작했고 자기

친구가 운영한다는 식당과 바Bar로 나를 안내했다. 그날
밤, 나와 제니퍼는 비즈니스가 아닌 사람 대 사람, 같은
20대 여자로 많은 이야기를 나누었다. 일을 시작하게 된
계기부터 서로가 겪었던 시행착오들과 앞으로의 꿈까지,
어느새 우리의 이야기는 미래를 향해 달려 나가고 있었다.
제니퍼의 꿈은 호텔리어로 성공하는 것이라고 했다.
가끔씩은 자신이 작은 세상에 갇혀 사는 것 같다며 여러
나라를 여행하는 내가 부럽다고 했다. 하지만 그녀의
열정만큼은 내가 만난 누구보다도 뜨거웠다. 나 역시 여행
작가로서 이제 막 시작하는 단계이니 앞으로도 오랫동안
열심히 이 일을 잘 해내고 싶다는 이야기를 했다.
우린 그렇게 서로의 앞날을 응원해주며 뜨거운 건배를
했다. 얼마 전 다시 찾은 싱가포르에서 6년 만에 그녀와
재회했다. 처음 봤을 때보다 더 좋은 호텔로 이직해,
어시스턴트가 아닌 정식 매니저가 되어 나타난 제니퍼.
그리고 그동안 10여 권이 넘는 책을 쓰면서 초짜 작가라는
딱지를 떼고 어엿한 베테랑 여행 작가로 거듭난 나.
우리 만남은 반가움을 넘어 서로에게 특별한 감동으로
다가왔다. 우린 누가 먼저랄 것도 없이 반갑게 포옹을
하고 손을 맞잡은 채 로비 라운지에 자리를 잡고 그간
쌓인 이야기를 나누었다.

서로의 병아리 시절을 이야기하다 보니
지금은 기억조차 엷어진 풋풋했던 과거의
나와 만나고, 먼지 쌓인 오래된 상자를
연 것처럼 잠들어 있던 열정이 피어오르는
것을 느낄 수 있었다.

어떤 일이든 하면 할수록 노하우가 쌓이고 또 익숙해지면
열정보다는 관성에 젖기 마련이다. 그래도 여전히 'Work
Hard, Play Hard!'를 모토로 더 높은 목표를 위해 열심히
달리고 있는 제니퍼와의 만남은 열정이 가득했던 20대의
각오들을 떠올리게 했다. 이 일을 내가 얼마나 원했는지,
처음 취재를 왔을 때 얼마나 가슴 벅차고 열심이었는지,
그때의 마음가짐과 의욕, 열정까지 모두 되살아난
기분이었다. 다시 초심으로 돌아가는 기분이었다.

싱가포르는 여행 작가로 첫 발을 내딛었던 곳이기도 하지만
유독 애착이 가는 이유는 사실 또 있다. 싱가포르라는 나라
자체에 흐르는 에너지를 좋아하기 때문이다.
고작 서울과 비슷한 크기의 작은 나라, 특별한 천연 자원이나
뛰어난 자연 환경이 없는 소박한 나라, 1960년대 말레이
연방에서 독립할 당시만 해도 가난한 나라에 속했던
싱가포르는 단기간에 동남아시아 최대 선진국이면서 금융의
허브, 관광 대국으로 성장했다. 싱가포르의 성공 요인은
그 무엇도 아닌 바로 사람들이다. 간척지를 메꾸어 세상
어디에도 없는 거대한 야외 정원을 만들고 인공 해변을

만들어 도심 속에 작은 파라다이스를 창조하기도 했다.
싱가포르를 여행하다 보면 사람이 할 수 있는 기적에는
한계가 없다는 것을 온몸으로 실감하게 된다.
뭐랄까. 금수저를 물고 태어나 잘 사는 것이 아니라, 열정과
엄청난 노력으로 자수성가를 이룬 멋진 사람을 만나서
자극을 받고 좋은 에너지를 받는 그런 기분을 싱가포르에
갈 때마다 느끼게 된다. 또한 열정 넘치는 싱가포르
사람들을 보면 방전되었던 열정이 충전되면서 두 손에 힘이
불끈 들어간다. 내 안의 열정이 조금은 시들해질 때, 초심의
마음이 희미해질 때쯤, 잠시 일상을 멈추고 나를 채워줄 수
있는 곳. 싱가포르는 나에게 그런 곳이다.

내 마음대로 내 멋대로
행복한 여행

BANGKOK

박진주 » 힐링 » 방콕

가끔씩, 한국에서 살아가는 것은 끝이 없는 레이스를
달리고 있는 것이 아닐까 하는 기분을 느낀다. 이제
나이는 어느덧 서른이 넘어 고개를 돌려보면 주변인들은
청춘의 과도기를 지나 어느덧 안정기에 돌입하고 있는
것처럼 보인다.

안정된 직장에서 경력을 쌓으며 연봉은 차곡차곡 오르고
있고 흔히 결혼 적령기라 부르는 적절한 때에 짝을 만나
가정을 꾸리고 그 다음 과정인 아이를 낳게 되는 것이
너무나도 자연스러운 흐름이었다.

스물아홉이 되자, 친한 친구들은 약속이나 한 듯
부랴부랴 결혼을 했다. 분명 다 같이 학교 운동장에 모여
있었는데 고개를 돌려보니 모두 떠나고 나만 남은 듯한
쓸쓸함, 호루라기 소리와 함께 시작된 달리기에서 나는
출발도 못 하고 서 있는 기분이 들었다. 그렇다고 남들이
뛴다니 무작정 아무나 손을 잡고 뛰어들기는 싫었다.

서른을 기점으로 나는 그 자연스러운
흐름에서 갓길로 빠지듯 궤도를 벗어났다.

안정된 직장 대신 불안정한 직업을 택했으며 결혼이나
출산 등은 아직도 먼 나라 이야기 같았다. 미룰 수 있다면

최대한 미루고 싶었고 조금 더 내 멋대로 살고 싶었다.
어느새 친구들의 화제는 결혼을 넘어 다음 코스인 출산과
육아 등에 맞춰지고 있었고, 자연스럽게 친구들도 미혼과
기혼으로 나뉘게 되었다. 서로의 관심사가 점점 두 갈래로
난 길처럼 멀어지고 있음을 슬프지만 인정해야 했다.
우리 사회에선 그저 대다수가 걸어가는, 혹은 어느 때가
되면 당연히 해야 한다고 여겨지는 흐름을 따라가는
사람들이 대부분이다. 그 흐름에서 조금만 늦어지면
낙오자 취급을 하며 안타까운 시선을 보낸다.
난 '결혼이야 언제든 하게 되면 할 텐데 뭐 그리 서둘러야
하나' 싶었고 내 마음이 이끄는 대로 자연스럽게 살고
싶었다. 이렇게 말하면 대개는 철없는 소리 한다, 인생에는
다 '때'가 있다며 나를 철부지 취급했다.
그래, 그런 것이 있다고 치자. 하지만 그 순리와 때라는
것은 각자의 인생마다 다르지 않을까? 수천, 수만 명의
사람들이 어떻게 똑같은 순리와 똑같은 때에 맞게 살까?

나에게는 그 '때'라는 것이
아직 오지 않았음이 분명한데
왜 날 인정해주지 않는 걸까?

박진주 » 힐링 » 방콕

나에게는 남들이 말하는 순리보다 더 하고 싶고 좋아하는 우선순위가 아직도 많다. 오랫동안 내 로망이었던 카페도 열고 싶고, 집에 잔뜩 쌓여 있는 책들을 모아 작은 동네 책방을 여는 꿈도 있다. 세계 곳곳의 사람들을 더 많이 만나고, 여행자들이 머물 수 있는 멋진 게스트하우스도 열어보고 싶다. 1년 정도 외국에 나가서 전혀 해보지 않았던 공부도 해보고 싶고, 6개월쯤 길게 머물고 싶은 곳들도 양손에 꼽기 버겁게 많다. 나의 버킷리스트에는 결혼보다 이런 것들이 우위를 차지하고 있는데 이런 나를 이해해주는 사람들이 점점 줄어드는 것 같아 서글퍼졌다. 난 지금 누구보다 자유롭게, 내 마음대로 살고 있음을 더없이 감사하고 있다. 그렇지만 나의 행복 지수나 삶의 만족도와 상관없이 사회의 잣대를 들이대면 나는 '비정규 노동자에 서른 넘은 노처녀'가 냉정한 평가이자 현실일 것이다. 여태 단 한 번도 대기업, 높은 직급, 고액 연봉자 또는 현모양처를 꿈꾼 적이 없던 나도 이런 시선을 느낄 때면 가끔 자신감이 위축되고 신념이 흔들리기도 했다.

'내가 먼 미래는 너무 생각하지 않는 걸까?
내가 하려는 일들은 다 허무맹랑하고 꿈같은 일들일까?
이제 나도 안정적인 삶을 꾸려야 하는 걸까?'

이런 물음들이 가끔씩 마음을 어지럽히곤 한다.
프리랜서의 특성은 안정적인 소득이나 노후 보장이 없고
일도 수입도 불규칙하기 마련이다. 프리랜서 초창기에는
모아둔 돈을 야금야금 까먹는 일이 많았기 때문에 '이러다
모아놓은 돈 다 써버리고 거지꼴로 늙는 게 아닐까' 하는
걱정에 밤잠을 설친 적도 많았다. 좋아하는 일을 하며
사는 것은 정말 너무나 좋지만, 그래도 기본적인 생활을
유지하려면 어느 정도 고정된 수입이 필요하다. '여행
작가'라는 행복하지만 불안정한 일을 포기하고, 하기
싫지만 안정적인 일을 시작해야 하는 것일까 하는 고민은
이 일을 시작하고 나서 몇 년 동안이나 나를 따라다녔다.
이 답도 없는 고민이 극에 달할 때면 나는 짐을 싸서
태국으로 떠나곤 했다. 왜 태국이냐고 묻는다면, 그곳은
세상에 여러 가지 삶이 있다는 것을 가장 즉각적이고
효과적으로 느낄 수 있는 곳이므로.
태국은 내가 아는 곳 중 가장 자유분방한 곳이다. 세계
각국에서 모여든 여행자들이 다양한 에너지를 내뿜으며

새로움을 창조한다. 상상도 못했던 톡톡 튀는 아이디어가
넘치는 가게, 자유분방하고 창조적인 작업들, 유쾌한
사람들을 발견할 때면 짜릿함을 느낀다.

방콕은 태국 전역은 물론이고 주변국도 손쉽게 여행을 할
수 있어 동남아시아 여행의 전초 기지가 되곤 했다. 어떻게
보면 내 여행의 역사가 녹아 있는 곳이다. 밤새 두려움에
떨며 잠 못 들던 작고 낡은 빠이의 방갈로 게스트하우스,
도망치듯 무작정 탄 야간 버스, 내 어두운 근심까지
품어주었던 태국의 바다들, 엄마의 김치찌개처럼 정겨운

나의 소울 푸드 똠얌꿍을 맛볼 수 있는 방콕의 허름한
식당까지. 지난 태국 여행의 추억들을 떠올리면 장면
하나하나와 함께 내 청춘의 앨범이 펼쳐진다.
방콕 돈므앙 공항에 내리자마자 마치 뜨거운 물로 세탁한
빨래를 건져 올릴 때의 그 훈훈하고 축축한 느낌이 온몸을
감싼다. 동시에 등골이 서늘할 정도로 온몸에 전율이
흐른다.

'방콕에 왔구나!'

방콕에 도착하자마자 나는 현지인들이 타는 작은 배를
타고 쌘쌥 운하를 따라 카오산으로 넘어갔다. 천 원이
조금 넘는 값을 치르고 국수를 먹고 싸구려 마사지를
받으며 행복해했다. 저녁에는 목청이 터져라 노래하는
이들을 보며 싱하 맥주를 마셨다. 라이브 공연을 보고
자정이 다 된 시간에 밖으로 나오니 하늘에 구멍이라도
난 듯 비가 쏟아졌다. 우산이 없는데 어떻게 해야 하나
고민하는 사이 카오산 거리에는 다프트 펑크^{Daft Punk}의
노래 'Get Lucky'가 흘러나왔다. 그러자 사람들은 너나
할 것 없이 빗속으로 뛰어들어 춤을 추기 시작했다.

그들에게 쏟아지는 비는 흥분을 고조시키는 무대장치
같았다. 아무도 보고 있지 않은 것처럼 춤추고 내일이 없는
것처럼 지금을 즐기고 있었다.

전 세계 여행자들의 베이스캠프라 불리는 방콕, 카오산.
그곳에는 숨 가쁜 경쟁의 삶 대신 자기 멋대로 살며 행복한
이들로 가득했다. 누군가는 도피라고 말하겠지만, 그곳은
내게 오롯이 위안이었다. 1년에 반은 다이빙을 하러
여행한다는 스웨덴의 의사 아저씨, 여행 경비가 떨어졌지만
아직은 돌아가고 싶지 않다며 핸드메이드 팔찌를 만들어
밤마다 좌판을 열던 영국 아가씨, 게스트하우스 운영을
돕는 대신 숙식을 제공받아 여행을 이어가던 호주 친구,

태국이 너무 좋아 여행만으로는 성에 안 찬다며 아예 눌러
앉은 이들까지. 각자의 방식으로 인생을 즐기는 이들을
만날 수 있었다. 그리고 그들은 내게 이렇게 말하고 있었다.

인생에 정답은 없어. 각자의 길이 다르듯
각자의 행복도 다르지. 그 행복의 지도를
스스로 만드는 것이 인생이야.

세상에는 무수히 많은 사람들이 있고 그 수만큼이나 삶의
모습도, 행복의 기준도 가지각색이다. 여행이란 이렇게 세상
밖으로 나가서 나와 다름을 눈으로 직접 보고 느끼고 또
인정하는 것이 아닐까.
물론 무작정 현실의 모든 것을 버리고 여행을 떠나라는
말은 아니다. 대책 없이 그곳에서 눌러 앉아서 자유분방하게
살라는 뜻도 아니다. 여행을 떠난다고 모든 문제가
해결되는 것은 더욱 아니다.

단지, 세상에는 우리가 생각하는 것보다 더 다채로운
방법으로 살아가는 사람들이 있다는 것을 한번쯤은
직접 눈으로 보고 경험해보는 것도 좋겠다는 생각이다.
더 높은 점수를 받기 위해, 더 많은 인정을 받기 위해
달리는 삶이 과연 내가 원하는 삶인지 한번쯤은 진지하게
물음표를 가져야 하지 않을까. 누구의 인생도 아닌 나의
인생이니까.

여행은 주머니가 비는 것이 아니라 오히려 채워지는
것임을 느끼곤 한다. 여행을 마치고 돌아오는 길에는
내 안에 새로운 설렘, 기분 좋은 에너지가 가득 차 있음
느낄 수 있다. 돌아가자마자 하고 싶은 것들이 너무나

많아져서 비행기에서 잠을 못 잘 정도로 두근거리는·순간들도
많다. 그럴 때면 비행기 안에 있는 비상용 종이봉투에 '돌아가면
실행할 버킷리스트'를 꾹꾹 눌러 적으면서 기분 좋은 상상,
가슴 벅찬 계획을 세우곤 한다. 그저 막연하게 꿈꿔왔던 일들을
실현한 사람들을 보다 보면 자극을 받고 덩달아 내 꿈도
늘어난다. 한마디로 드림 팩토리 같은 곳이랄까.
꼭 이루어지지 않더라도 상상하는 것만으로도 가슴이 뛰고
아드레날린이 발산되는 짜릿함을 느끼게 해주는 것.
그런 꿈 자체가 나는 참 감사하다. 팍팍한 일상 속에서는
새로운 꿈을 꾸기는커녕 소중히 품어왔던 꿈마저도 엷어지고,
나이가 들수록 가슴 뛰는 일들을 찾는 것이 쉽지 않으니까. 꿈에
가까워지기 위해 더 열심히 즐겁게 일상을 살아갈 수 있다면

그것만으로 충분하지 않을까? 물론 꿈까지 이루어진다면
더할 나위 없이 좋고!
요즘 나는 한국으로 돌아오는 비행기에서 가득 적어둔
로망들을 실현하기 위해 여행을 떠나기 전보다 훨씬 더
열심히 살아가고 있다. 몇 가지는 벌써 실행에 옮겨서
열심히 추진하고 있고 3년, 5년이 걸리는 장기 프로젝트로
착실하게 준비하고 있는 것들도 있다.

내가 꿈꾼 버킷리스트를 모두 다
이룰 수 있을지는 알 수 없지만 어쨌든
나의 버킷리스트는 현재 진행 중이다.

'배움의 즐거움'을
알아가는 여행

꽤 많은 여행지를 다녔지만 대부분 영어권이거나 관광객을
상대하는 것이 보편화된 곳들이라서 영어로 의사소통을
하면 별 문제가 없었다. 내 영어 실력이 완벽하진 않지만
큰 어려움은 없이 필요한 정보들을 얻으며 무리 없이
여행을 하곤 했는데, 대만에서는 당황스러운 일들이 꽤
있었다. 여행자들이 필수 코스처럼 가는 유명 관광지가
아니면 영어가 잘 통하지 않았던 것이다. 게다가 누구나
알 만한 곳보다는 현지인들이 가는 뒷골목 식당이나
재래시장, 작은 카페 등을 찾아다니는 것을 좋아하다 보니
언어 장벽에 더 자주 부딪쳤다. 심지어 메뉴판도 온통
한자만 쓰인 곳이 허다했다. 어쩔 수 없이 손짓발짓으로
겨우 의사소통을 하느라 진땀을 흘리기도 하고 음식을
시킬 때는 한자 가득한 메뉴판 앞에서 까막눈이 된 듯

당황스러움을 느끼기도 했다. 그럴 때는 다른 사람들이
먹는 것을 손가락으로 가리켜서 같은 것을 시키곤 했는데
가끔은 전혀 예상하지 못한 음식, 예를 들면 소 혓바닥을
넣은 만두라든지 냄새가 고약하기로 유명한 취두부
같은 음식이 나와서 당황한 적도 많았다. 사소한 얘기를
한참이나 서로 손짓발짓하다가 몇십 분이 흐른 뒤에야
이해하고는 무릎을 탁 치며 서로 허탈한 웃음을 짓기도
하고, 동네 사람들 여럿이 모여서 회의하듯이 진지하게
소통하던 경우도 있었다. 답답한 것은 기본이고 서로

◆
그 어떤 여행에서 만난
사람들보다 더 먼저
가깝게 다가와 준 대만
사람들. 덕분에 대만이라는
나라와 순식간에 사랑에
빠져버렸다.

오해해서 일이 꼬여버린 적도 있었지만, 그래서 그런지 그 어떤 여행보다 더 많은 에피소드와 추억이 생기기도 했다. 소통에서는 어려움을 느꼈지만 대만을 여행하다 보니 점점 언어 장벽은 잊고 이 나라 자체의 매력을 느끼기 시작했다.

대만 사람들은 비록 말은 잘 안 통했지만
내가 만난 그 어떤 나라 사람들보다 상냥했다.

길을 물으면 직접 내 손을 잡고 목적지까지 데려다주는 사람들을 숱하게 만났고, 무거운 짐을 끌고 가다 보면 누군가 다가와 웃으면서 내 짐을 들어주고는 고맙다는 말을 할 새도 없이 홀연히 떠나기도 했다. 한 번은 공항으로 가는 택시에 휴대폰을 두고 내린 적이 있었다. 택시에서 내린 다음에야 이 사실을 알아서 어쩔 줄을 몰라 하고 있었는데 공항 직원이 택시 기사를 수소문해서 비행기를 타기 직전에 휴대폰을 찾아줬던 고마운 일도 있었다. 또 어느 날은 버스 정류장에 앉아 버스를 기다리고 있는데 옆에 앉은 할머니가 중국어로 뭐라고 말을 걸었다. 전혀 알아들을 수가 없어서 그냥 멋쩍게 웃고 있으니, 할머니는 가방에서 주섬주섬 뭔가

꺼내 주셨다. 그건 바로 모기 물린 데 바르는 약이었다.
모기에 물려 퉁퉁 부은 내 다리를 언제 보셨는지,
할머니는 묻지도 따지지도 않고 손수 약을 발라주셨다.
갑자기 다리를 만져서 깜짝 놀라기는 했지만 그 순간
떠오른 건 우리 할머니가 약을 발라주던 바로 그
모습이었다. 고맙다는 말을 하고 싶었지만 그때는 왜
"谢谢셰셰"라는 간단한 중국어도 떠오르지 않았던지.
지금까지도 두고두고 고맙다는 말 한 마디 못한 게
아쉽다.
이렇게 자연스럽게 대만과 따뜻한 대만 사람들에게
빠져들다 보니 이 나라에 대해 점점 더 알고 싶다는 생각이
들었다. 그러려면 먼저 그 나라 언어를 배우는 것이 가장
좋은 방법이었다. 나도 중국어를 배워서 조금 더 능숙하게
여행을 하고 대만을 깊이 이해하고 싶은 욕심이 생겼다.
이 얼마나 오랜만에 느껴보는 진지한 배움의 열망인가!

　새로운 언어를
　배우는 것은
　그 자체로 신선하고
　가슴이 설렌다.

연필을 들고 형광펜으로 밑줄도 그어가며 열심히 공부를 해본
것이 언제인지 모르겠다. 이 도전은 다시 학생이 된 것 같은
설렘과 배움 자체가 주는 신선한 기쁨을 오랜만에 느끼게
해줬다.

내가 가고 싶은, 또는 좋아하는 여행지의 언어를 배우면
분명 그 여행은 더 풍요롭고 흥미진진해진다. 서툴지만 그
나라 말로 인사를 건넸을 때 상대방이 그 뜻을 알아주고
서로 소통을 하면서 느끼는 즐거움은 상상 이상이다. 원어민
수준이 아니어도 "안녕하세요", "고맙습니다" 정도만 외웠다가
써먹어도 현지인과 금세 가까워지는 기분을 느낄 수 있다.

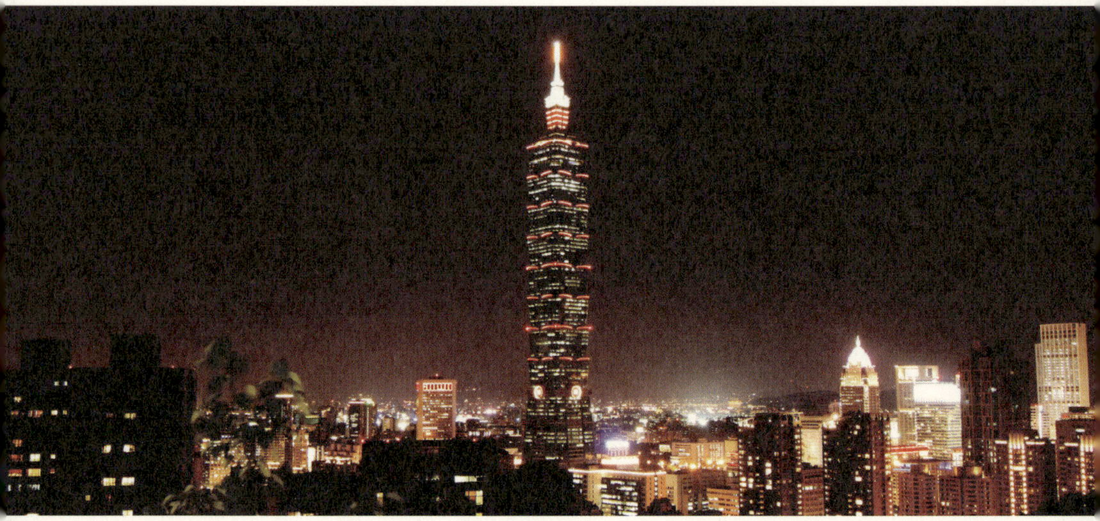

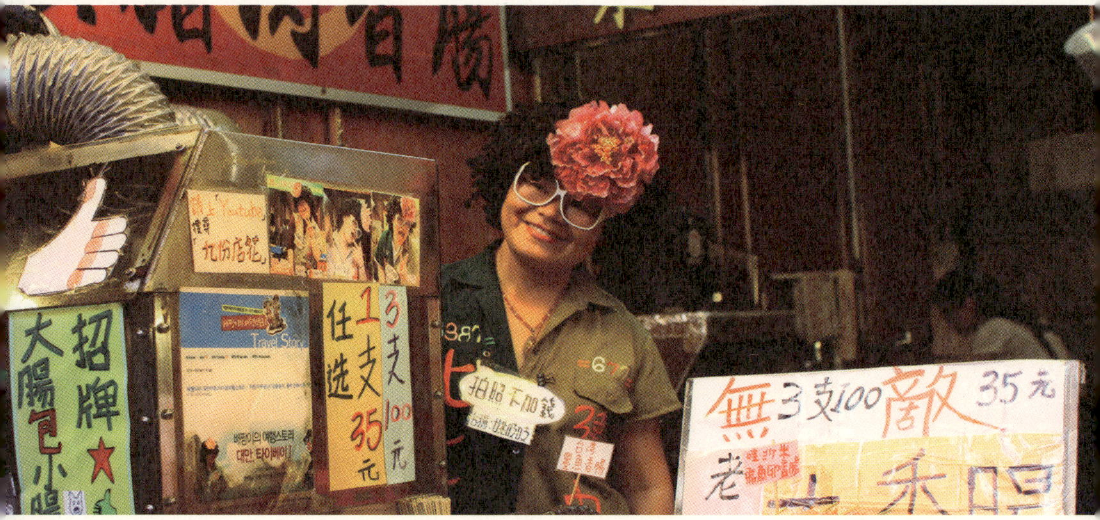

박진주 » 힐링 » 대만

새로운 언어를 배우기 시작하자 이전에는 생각하지
못했던 크고 작은 꿈들도 생겼다. 현지 말로 먼저 반갑게
인사 건네기, 현지 식당에서 자신 있게 음식 주문하기,
그 나라의 유행가 하나 정도 멋들어지게 부르기, 현지
극장에 가서 자막 없이 영화 보기, 6개월 또는 1년 정도
어학 공부를 하며 여행지에서 살아보고 싶다는 꿈까지.
실현되지 않는다고 해도 상관없다. 그런 것을 꿈꾸고
배우고 공부하는 것 자체가 일상을 조금 더 풍요롭게
만들어주니까.

언어는 여행을 통해 배울 수 있는 가장 기본일 뿐
여행에서의 배움은 무궁무진하다.

여행을 통해서 무엇이든 호기심을 자극하는 것들을
발견하는 것, 그리고 그게 배움으로 이어지는 것은 여행이
주는 큰 선물 중 하나다. 돌이켜보면 여행에서 아주 사소한
것이라도 무언가를 배웠을 때, 모르던 것들을 경험하고
터득했을 때 가장 짜릿한 전율을 느꼈던 것 같다.
대만에서 우롱차의 매력에 푹 빠져서 차를 우리고 마시는
법을 배우고 난 후, 커피만 달고 살던 내가 다양한 차를
꽤나 진지하고 깊게 즐길 수 있게 되었다. 아시아 여행을

많이 다니면서 한 번쯤은 꼭 타보고 싶었던 오토바이도
용기를 내서 한적한 작은 섬에서 배웠다. 덕분에 이제는
두 발로 걸을 때와는 또 다른 속도로 여행지 구석구석을
달리는 쾌감을 느끼게 되었다. 태국에서 수강한 쿠킹
클래스를 통해 한국에는 없는 이국적인 식재료들을 접했고,
궁극의 똠얌꿍과 팟타이를 만드는 비법도 전수받았다.
이제 한국에서도 제법 맛있는 똠얌꿍과 팟타이를 만들 수
있어 얼마나 즐거운지 모른다. 발리에서 짠 바닷물을 몇
리터씩 들이마시면서 서핑을 배웠을 때는 고생스러웠지만
파도를 타면서 자연의 일부를 온몸으로 즐긴다는 것이
얼마나 멋진 일인지 새삼 깨닫기도 했다.

사실 내가 배운 것들은 이 세상 속에서는
먼지처럼 미미할 것이다.

그리고 아주 전문적인 교육을 받은 것도 아니다. 하지만
그게 뭐가 중요한가. 직접 배우고 경험하는 것은 그 어떤
순간보다 즐겁고 짜릿했고 무엇인가 더 배워보고 싶은 로망
리스트들이 늘어났다는 것이 내겐 더 중요하다.
주변에서도 여행을 하다 경험한 배움에 푹 빠진 사람들을
흔히 볼 수 있었다. 태국의 시원한 마사지에 매료되어
마사지 스쿨을 다니며 정식으로 배우는 친구, 남아메리카를
여행하면서 살사 춤의 매력에 푹 빠져서 한국에 돌아와

열심히 춤을 배워 아마추어 대회에 나간 친구도 있다.
발리에서 처음 맛본 서핑의 재미에 푹 빠져 아예 발리에
정착해서 서핑 스쿨을 차린 이도 있고, 라오스의 국수 맛에
반해서 국숫집에서 일하며 열심히 비법을 배워 한국에
라오스 국수 가게를 냈다는 사장님도 만난 적이 있다.
이들이 처음부터 작정하고 '이걸 배우러 가야지!'하는
마음으로 여행을 떠나지는 않았을 것이다. 여행을 하면서
이런 저런 경험을 하다 보니 자기 적성에 맞는 것들,
호기심을 자극하는 것들을 발견했을 것이다.

이런 호기심이 열정으로 번져
인생을 바꾸는
전환점이 된 것이겠지.

작은 호기심에서 시작한 배움이 인생을 바꾸는 케이스를
여러 번 보고 나니 이런 크고 작은 경험과 배움이 얼마나
중요한지 다시금 느끼게 되었다. 인생을 바꿀 정도의
거창한 배움이 아니라도, 아주 작은 호기심과 사소한
배움이라도 얻는다면 그 여행은 그것만으로도 충분히
값지지 않을까.

언제든,
어디로든 가도 좋은
친구와의 충전 여행

HONGKONG

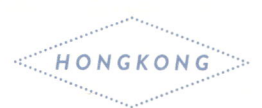

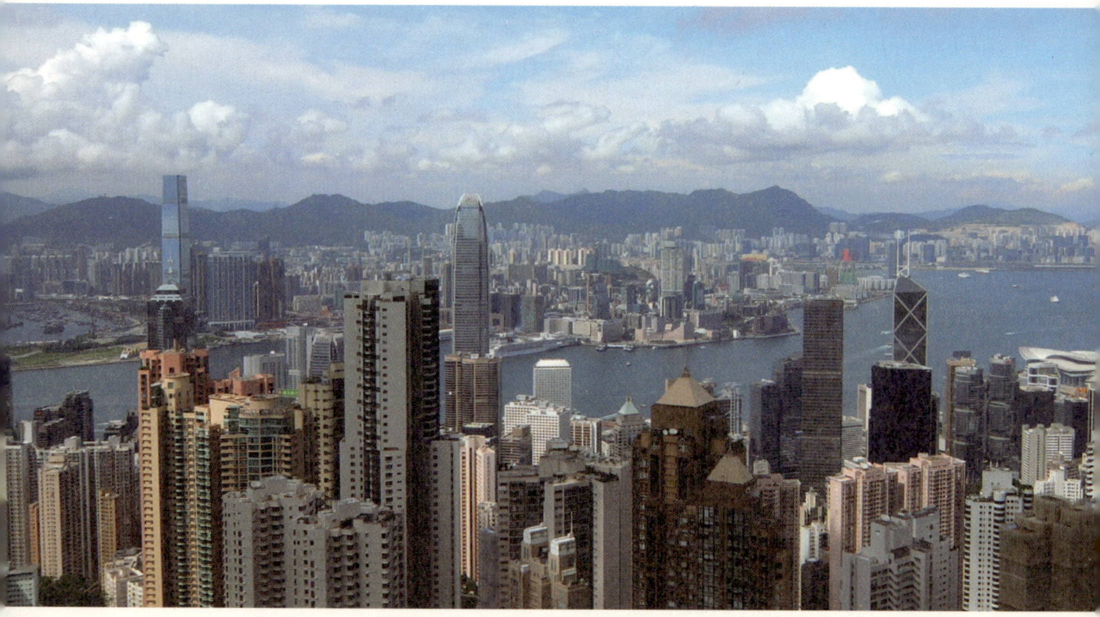

박진주 » 힐링 » 홍콩

나에게는 오래된 친구 둘이 있다. 우리 셋은 고등학교 1학년 때 만난 친구들이다. 그때의 우린 그룹 아바의 노래 '댄싱 퀸Dancing Queen'의 가사처럼 'Young and sweet, only seventeen'이었다. 꿈 많고 명랑한 17살의 우리는 마냥 즐거웠다. 흔한 말처럼 굴러가는 낙엽만 봐도 까르르 웃음이 터지던 시절이었다. 고등학교를 졸업해 달콤한 대학 생활을 하고, 그 후에는 멋진 직장 여성이 되어서 일과 연애를 적당히 즐기다가 멋진 남편을 만나 알콩달콩 행복한 결혼 생활을 하는 것이 너무나 당연하고 쉽게 느껴지던 나이였다. 그로부터 약 15년이라는 세월이 흘렀다.

그때 꿈꿨던 미래와 현재 모습이 좀 많이
다르다는 점은 해가 갈수록 우리를 슬프게 했다.

서른 살을 넘기자 친구들이 대부분 결혼하고 아이 엄마가 되면서 순탄하게 살아가고 있는데 우리만 여기서 멈춰버린 것 같다고 느끼기 시작했다. 어쩌다 보니 다들 떠나고 우리만 덩그러니 남았느냐며, 한 살 한 살 나이 먹는 것이 무섭기만 하다는 둥 하소연과 한숨만 느는 수다를 떨던 어느 날이었다. 친구 둘이 유난히 힘겨워 보였다.

친구 A는 겉으로 보기에는 안정적인 직장에 다니지만
정작 스스로는 만족하지 못한다는 점 때문에 늘
힘들어했다. 특히 인간관계에서 오는 극심한 스트레스가
컸다. 다른 회사로 옮기고 싶지만 그렇다 해도 새로운
회사가 완벽하게 더 나은 선택일지도 알 수 없기에 괜한
모험을 해서 후회만 남는 게 아닐지, 이러지도 저러지도
못한 채 하루하루를 보내고 있었다.
친구 B는 고시생으로 벌써 몇 년간 공부를 하고 있지만
올해엔 시험에 붙을 수 있을지 확신할 수 없고, 만약 또
낙방한다면 다시 1년이라는 시간을 시험공부만 하며
버틸 수 없을 것 같다며 힘들어했다. 공부도 힘들지만
그것보다 한 해 한 해가 지날수록 합격과 멀어지는 것 같아
괴롭고, 인생이라는 레이스에서 남들보다 뒤쳐진 것 같은
상실감이 그녀를 더 힘들게 만들고 있었다.
나라고 고민이 없는 것은 아니었다. 겉으로 볼 때는 여행이
업業인 자유로운 작가지만 안정적인 수입을 기대하기 힘든
직업이다 보니 불확실한 미래 때문에
한 번씩 불안이 엄습하곤 했다. 우리는 서로 무슨
배틀이라도 하듯 내가 더 힘들다, 나도 괴롭다, 신세타령을
하다가 순식간에 초상집 분위기가 되어 버렸다. 무거워진
분위기에 질식될 것만 같아 슬쩍 "우리 어디 놀러나

갈까?"라는 말을 꺼냈다. 친구들은 이게 무슨 팔자 좋은
소리냐는 표정으로 나를 바라봤다.

"아니. 우리 같이 여행 갔던 거 너무 오래됐잖아.
수학여행하고, 스무 살 때인가 안면도 놀러간 거. 그리고는
한 10년 넘게 안 갔잖아. 이렇게 우울해하고 있을 바에는
3~4일이라도 어디 갔다 오는 게 낫지 않을까?"

A는 나의 갑작스러운 제안이 황당하면서도 솔깃했는지
연차를 쓰면 3~4일 정도는 시간을 낼 수 있다고 했다.
B도 진지한 표정으로 아무도 모르는 곳에 가서 소리
지르면서 신나게 춤이나 추고 싶다고 말했다. 안 그러면
조만간 진짜 미칠 것 같다고. 그렇다면 고민할 필요가
없지 않은가. 나는 언제든 떠날 준비가 되어 있으니!
3~4일 정도의 짧은 일정으로 떠날 수 있는 곳, 친구 B가
원하는 춤추고 소리 지를 만한 곳이 있는 곳, 그리고
여자들끼리 약간의 쇼핑과 식도락까지 즐길 수 있다면
충분하다는 의견에 만장일치로 여행지는 홍콩으로
정해졌다. 일사천리로 항공권과 숙소를 예약하고
차근차근 준비를 해나가면서, 나는 우리들이 어지간히
지쳤구나 싶은 생각과 떠나지 않고는 버틸 수 없는

그야말로 폭발 직전이었음을 깨닫게 되었다.

마치 수학여행 가기 전날 신났던 17살처럼 무엇을
입고 어디를 갈지를 얘기하며 전에 없이 활기가 넘치게
속전속결로 여행 준비를 마쳤다. 그리고 어느새 비행기를
탄 지 3시간쯤 후 우리는 홍콩에 도착해 있었다.
일탈의 장소는 생각보다 가까웠다. 한국과 다른 뜨끈하고
축축한 홍콩의 열기가 우리를 감싸 안았다. 그동안 여행
한 번 가지 않고 일상을 버텨왔던 친구들은 나보다 훨씬
흥분되어 보였다. 우선 호텔에 짐을 풀고 소호 거리로
나가 맛있는 딤섬을 먹은 다음 골목을 구경하고 근사한
펍에서 낮부터 시원한 호가든 맥주 한 잔을 마셨다.

"살 것 같다."

맥주를 단숨에 들이켠 B가 말했다. 그동안 아침에
일어나면 도서관으로 가서 밤까지 공부를 하고 집으로
돌아오는 다람쥐 쳇바퀴 같은 생활을 벌써 4년째 한
친구다. 사실 1분 1초가 아까운 이 친구에게 3박 4일은
너무나 귀중한 시간이었다. 홍콩에 가서도 공부를 해야
할 것 같은 불안한 기분이 든다며 전날 밤까지 여행 가방에
책들을 넣어야 하나 말아야 하나 수백 번 고민했다는

B는 이 순간 더 없이 홀가분해 보였다.

"요즘은 도서관 책상 앞에 종일 앉아 있어도 집중해서
공부하는 시간은 3~4시간도 안 되었던 것 같아.
사소한 일에도 폭발하듯이 화가 나기도 하고 한없이
무기력해지기도 하고. 아마 한국에 그대로 있었으면
나 진짜 돌아버렸을지도 몰라."

방전 직전이었기 때문에 아무리 책상에 앉아서 책을 보고
있어도 공부가 될 리 없었다며 3박 4일 동안 완충을 하고
가리라는 야무진 다짐도 덧붙였다.

홍콩에 이제 막 도착했을 뿐인데 두 친구의 얼굴은 더
이상 한국에서 보았던 그 얼굴, 한마디로 죽상이 아니었다.
대낮에 마신 맥주의 취기 덕분인지 홍콩이 마법을
부렸는지 몰라도, 우리는 굴러가는 낙엽만 봐도 까르르
웃음이 넘치던 17세처럼 생기가 넘쳤다.

> 이번 여행의 목적은 오로지 쌓인
> 스트레스를 털고 발산하는 것!
> 우리가 늘 외치는 슬로건
> '오늘이 우리 생애 가장 젊은 날!'을
> 외치며 마음껏 즐기는 것이었다.

둘째 날은 홍콩 구석구석을 여행한 다음 저녁이 되자
호텔에서 잠시 쉬면서 전투 태세를 갖췄다. 고시생 B가
바라마지 않았던, 신나게 소리 지르고 춤출 수 있는
곳으로 출동하기 위해서. 호텔 방에서는 전투에 나가는
전사들처럼 최선을 다해 심혈을 기울여 치장을 한 후
클럽으로 향했다. 이십대 초반에 가보고는 거의 10년
만의 외출이나 다름이 없었다. 한국에서 이 나이에 클럽에
갔다가는 주책없는 노처녀 취급을 받기 때문에 어쩌면
금기와도 같은 일인데 홍콩에서 그 한을 풀었다. 기분

좋게 취해 원 없이 소리를 지르고 춤을 추면서 그동안
쌓였던 스트레스와 오만가지 걱정들을 날려버렸다.
3박 4일이라는 시간은 화살처럼 빠르게 흘렀다. 2층
버스를 타고 신나게 셀카를 찍으면서 홍콩 구석구석을
누볐고 달콤한 애프터 눈 티를 즐기며 잠시나마 호사를
누리는 기쁨도 만끽했다. 홍콩의 황홀한 야경을
감상하면서 이토록 흥분되고 짜릿한 순간들을 그동안
까맣게 잊고 살았던 것이 원망스러울 지경이라고
서로 입을 모아 성토하기도 했다. 리펄스 베이의
모래사장에서는 고등학교 체육 시간에 했던 것처럼

누가 더 빠르게 달리는지 맨발로 달리기 시합을 하면서
배꼽이 빠져라 웃기도 하고, 등이 주렁주렁 달린 사원에서는
두 손을 모으고 각자의 소망을 기도하기도 했다. 그렇게
우리의 일탈 여행은 짧고 굵게 지나갔다.
물론 이 여행을 다녀왔다고 해서 갑자기 A가 회사에서
승승장구하면서 성공가도를 달리게 된 것도 아니고,
B가 초인적인 힘으로 공부를 해서 시험에 단박에 붙은
것도 아니다. 여전히 A의 직장 생활은 깔딱고개 직전처럼
숨 막히며, B는 엉덩이에 종기가 날 정도로 밤낮없이
공부하며 시험을 준비하고 있다.

하지만 우리는 안다.
떠나기 전과 후의 우리가 조금은 달라졌다는 것을.

박진주 » 힐링 » 홍콩

A는 드디어 결심을 했다. 위험을 감수하고라도 더 늦기 전에
이직을 하는 모험을 해보겠다며 차근차근 준비하고 있다.
B는 이전보다 한결 가벼워진 마음으로 공부에 집중하게
되었다고 한다. 자기만의 세계에서 조금은 벗어나, 시험만이
인생의 전부가 아님을 깨달았다. 혹시 이 시험이 실패한다고
해도 인생 자체가 실패한 것은 아니라는 것을 이제는
받아들이겠다고 했다. 스트레스와 걱정으로 가려졌던 시야가
밝아지고 다시 앞으로 나아갈 수 있는 힘을 얻어왔다고 했다.
생각해보면 기계들도 충전이 필요한데, 우리는 그동안 너무
오래 달려왔던 것 같다. 이미 오래 전부터 방전 직전이었는데
어떻게 몸과 마음의 성능이 제대로 발휘될 수 있었을까.

우리는
더 이상 신세타령을
몇 시간씩 늘어놓지 않았다.

홍콩에서의 여행을 깔깔거리며 추억하기 바빴고 또 앞으로
떠날 여행에 대해 이야기하는 시간이 많아졌다. 주기적으로
이런 일탈, 아니 충전의 시간을 가져야 한다는 확신을 가지고
여행 계까지 만들어 다음 여행을 계획하고 있다. 그때까지
D-Day를 세면서 일상을 잘 버텨보자고 서로를 다독이며.

지친 '나'를 달래는
에너지 충전 여행

GILI
TRAWANGAN

박진주 » 힐링 » 길리 트라왕안

문득 생각해보니 일 때문에 1년에 몇 번이나 국내외로 여행을 떠났지만 정작 '진짜 여행'을 하고 있다는 기분을 느껴본 게 언제인지 까마득해졌다. 불안하고 설레고 걱정되고 흥분되어 가슴 벅찬 그런 것들이 뒤죽박죽 섞인 감정의 소용돌이. 누군가와 함께하는 대신 혼자서 여행이 주는 기쁨과 불안을 온전히 감당하고 또 그 속에서 나를 발견하고 행복해하는 그런 진짜 여행을 해본 게 언제였나. 시간이 언제 날지는 모르지만 철저히 '혼자하는 진짜 여행'을 해보기로 마음먹었다. 내 마음대로 내 멋대로 다니는 진짜 여행을.

그러던 어느 날, 하던 일이 마무리되어 드디어 홀가분하게 떠날 수 있는 시간이 생겼다. 어디로 갈지에 대한 고민은 너무나 빨리 끝났다. 인도네시아의 작은 섬, 길리 트라왕안Gili Trawangan. 그곳을 가고 싶어서 한참 안달이 났던 때인지라 일말의 고민도 없이 항공권을 예약했다. 그때가 벌써 약 8년 전쯤. 그 당시에 길리 제도의 트라왕안 섬은 미지의 섬이었다. 길리 트라왕안 섬은 인도네시아를 이루는 2만여 개 섬 중 하나다. 에메랄드빛 바다를 눈앞에 두고 나무로 만든 의자나 해먹에 누워 하염없이 바다를 바라보며 망중한을 즐길 수 있는 숨겨진 낙원. 대부분의 작은 섬들이 그러하듯 엄청난 볼거리나 관광 명소는

없지만 한 번 머물면 빠져나갈 수 없는 치명적인 매력이 있는
그런 곳이다.

길리 트라왕안 섬은 워낙 작아서 공항은커녕 터미널도 없다.
우선 롬복 섬으로 들어가 거기에서 다시 배를 타야 갈 수
있다고 했다. 당시에 열심히 인터넷이며 책이며 뒤져봤지만
그 섬에 다녀온 이들은 극소수였고 정보를 구하기는 하늘의
별 따기였다. 그리하여 최소한의 정보만 가지고 일단 떠나기로
했다. 어떻게든 갈 수 있을 거라는 근거를 알 수 없는 배짱과
믿음만 가지고 말이다.

여행을 떠나기 전, 길리 트라왕안 섬에서 꼭 하고 싶은
버킷리스트를 만들었다.

> 판에 박힌 일상 속에서 늘 에메랄드빛 바다를 꿈꾸며
> 오래전부터 다이어리에 새겨둔 나의 로망들,
> 지루한 일상을 버틸 수 있게 해준 나의 판타지들.

이렇게 해서 정해진 첫 번째 버킷리스트는 '일정, 지도,
아무것도 없이 멋대로 여행하기'였다. 쉬울 것 같지만 어쩐지
나에게는 가장 어려운 일이었다. 제한된 시간 안에 더 많은
것을 보기 위해 항상 바쁘게 여행했던 나였다. 게다가
스마트폰으로 지도나 정보를 실시간으로 확인하면서 여행을

할 수 있게 되자 어떤 면에서는 정보가 너무 많아 여행지에
대한 기대감이나 환상을 갖기가 힘들어지기도 했다. 그런
차에 이런 아날로그 여행은 오히려 더 내 구미를 당겼다.
길리 트라왕안 섬은 공항과 터미널을 만들 수도 없는 작은
섬이고 이 섬에서 허락된 이동수단은 자전거, 조랑말 마차,
그리고 두 다리뿐이었다. 그러다보니 자연스레 걷는 일이
많아졌다. 지도도 필요 없이 섬에 난 길을 따라 몇 바퀴
돌다 보면 웬만한 곳들이 머릿속에 입력된다. 미로처럼
길이 복잡한 도심이나 관광지에서 지도를 보며 일정을 짜고
쫓기는 듯 움직이던 여행과는 분명 달랐다.
언제 어디서나 무선 인터넷을 실컷 쓰며 문명의 이기를

누리는 생활도 통하지 않았다. 인터넷이 되기는 하지만
그 속도는 내 인내심의 한계를 시험하는 정도였다. 인터넷을
쓸 때마다 인내심은 폭발 일보 직전까지 다다랐고, 접속이
안 되는 인터넷 화면을 하염없이 새로고침하는 금단 현상도
며칠이 지나자 잦아들었다. 다시 오래전의 나로 돌아간
듯한 느낌이었다. 짚으로 엮은 방갈로, 혹은 야자수에 묶어
놓은 해먹에 누워서 책을 읽고, 모래사장에 앉아 그저 멍하니
공상에 빠지거나 끄적끄적 낙서도 하면서 진짜 행복을
되찾았다. 매일 아침 눈을 뜨면 그날그날 기분에 따라 가고
싶은 곳, 하고 싶은 일들을 떠올리고 곧바로 실행하는

단순하고도 자유로운 날들이었다.

닫혀 있던 마음을 무장 해제시키는 풍경
아무것도 하지 않을 자유
온전히 나에게 집중할 수 있는 시간
길리 섬이 나에게 주는 선물

출장은 어느 곳이든 비슷하다. 짧은 일정에 취재해야
할 것들은 태산이고 그 스트레스가 더해지다 보면 더
이상 여행은 여행이 아닌 고행이 되곤 했다. 여행 작가라고
말하면 다들 얼마나 좋겠느냐며 부럽다는 소리를 귀에
딱지가 앉을 정도로 많이 듣곤 했지만 그때마다 나는
고개를 저으며 대답했다. 여행과 출장은 다르다고.
가장 이상적인 것은 출장을 여행처럼 100% 즐기는
것이겠지만 여행처럼 즐기면서 일까지 완벽히 해내는
것은 결코 쉬운 일이 아니었다.
여행 가이드북을 쓰는 일을 하는 나에게는 비행기 바퀴가
활주로를 떠나는 순간, 아니 항공권을 예약하면서부터
모든 것이 일이 되는 셈이다. 모든 정보를 기록하고 사진도
찍어야 하고 다음에 취재할 것들도 미리 체크해야 한다.
비행기 안에서도 책에 실을 출입국 신고서를 따로 챙기는

것은 기본이고 비행기가 착륙하면 공항을 나가는 과정과
공항에서 시내로 이동하는 각종 교통 정보와 공항 시설 등
공항에서 취재하는 내용만 해도 엄청나다.
여행이 시작하는 순간부터 끝나는 순간까지 모든 것이
취재 내용인 셈이다.
쇼핑의 천국이라 불리는 곳에서는 쇼핑백 대신 무거운
카메라를 메고 자료를 수집하느라 정신이 없었고, 발 디딜
틈 없이 사람으로 꽉 찬 어두운 클럽에서는 모두 미친
듯이 춤을 추며 즐기는 순간에도 사진 한 장 건져보겠다고
카메라를 들고 이리 뛰고 저리 뛰던 순간도 있었다. 뜨거운
자외선에 얼굴이 벌겋게 익고 땀을 뻘뻘 흘려가며 취재한
수첩을 잃어버리거나 카메라에 이상이라도 생기면 모든
것이 수포로 돌아가기도 했다. 그럴 때는 눈물이 왈칵
쏟아지기도 하고 낯선 나라에서 내가 무슨 부귀영화를
누리겠다고 이 고생인가 싶어 그냥 집에 돌아가고 싶은
순간도 있었다. 물론 짜릿하고 행복한 순간들이 훨씬
많아서 여행 작가라는 직업을 계속하고 있지만 실상은
흔히 생각하듯 좋은 곳에 가서 맛있는 음식을 먹고 즐기는
것이 전부가 아니다.
취재를 다닐 때 제일 부러운 순간은 다른 여행자들이
아름다운 해변이나 수영장에서 신나게 놀고 있는 모습을

그저 슬픈 눈으로 바라볼 때이다.

"와…좋겠다. 나도 저기서 풍덩풍덩 놀고 싶다."

취재를 하다 보면 시간은 왜 그리도 부족한지, 지상 최고의
해변이라 불리는 곳들이 눈앞에 펼쳐 있어도 그건 그저
그림의 떡일 뿐 정작 발 한번 못 담근 일이 허다하다. 내가
취재하는 지역들이 대부분 무더운 동남아시아이다 보니,
사막에서 오아시스를 만났는데 목 한번 축이지 못하고
그저 바라만 보는 기분으로 부러워했던 적이 얼마나
많았는지! 아마도 그래서 더욱 한이 맺혔는지도 모르겠다.
내가 길리 트라왕안을 여행지로 선택한 이유는 그토록
부러워했던 아름다운 바다를 실컷 즐기고 싶었기 때문이다.
가야 할 곳도, 해야 할 일도 없고 남는 것은 시간뿐인 이번
여행의 주 무대는 바다였다. 아침에 일어나면 책, 물, 사롱만
챙겨서 일단 바다로 출근 도장을 찍었다. 경치 좋은 명당에
사롱을 펼쳐놓고 누워서 책을 읽고, 그러다 졸리면 낮잠을
자고, 배가 고프면 근처의 식당에서 밥을 먹고 또 바다로
가고, 태양이 뜨거워지면 그대로 바다에 풍덩 빠져서
허우적거리기도 하고. 그러다 보면 어느새 하루가 저물어
해가 뉘엿뉘엿 지는 모래사장에 앉아 주홍색으로 물드는

일몰을 보며 하루를 마무리하기도 했다. 바다로 시작해서
바다로 끝나는, 정말 바다가 전부인 매일을 보냈다.
물론 매일 이렇게 완벽하고 순조로운 여행은 아니었다.
필요 이상으로 겁이 많은 나는 첫날밤부터 고비였다.
바람 소리라도 들리면 화들짝 놀라서 뜬눈으로 밤을
지새웠고 아침이 되어서야 잠이 들기도 했다. 자동차가
없는 섬이기에 내가 직접 무거운 여행 가방을 끌고
모래사장과 울퉁불퉁한 길을 헤매며 숙소까지 가느라 팔이
빠지는 줄 알았고, 인터넷 중독자나 다름없는 난 엄청나게
느린 인터넷 속도 때문에 수십 번 헐크가 되어 폭발하기도
했다. 발이 푹푹 빠지는 모랫길에서 자전거 바퀴가 움직이지
않는데 가야 할 길은 먼, 말 그대로 오도 가도 못하는
상황에 닥쳐 주저앉아 울어버리고 싶은 순간도 있었다.
하지만 이런 나쁜 상황들은 머지않아 더 좋은 상황으로
바뀌곤 했다. 반드시. 겁이 많아 뜬눈으로 벌벌 떨며
며칠을 지내다 보니 내가 망상했던 그 어떤 일도 일어나지
않는다는 것을 깨닫고 머리만 대면 잠들 정도로 강심장이
되었다. 인터넷을 끊고 나니 환상적인 바다와 섬 구석구석이
눈에 들어오기 시작했다. 자전거를 타다가 힘들어서
주저앉고 싶은 순간에도 조금만 더 힘을 내서 몇 발자국
가면 세상 어디서도 본 적 없는 멋진 풍경들이 짠 하고

나타나곤 했다. 한순간 포기했다면 절대로 모르고 절대
보지 못했을 귀한 것들이었다. 모든 것은 모퉁이 뒤에서
나를 시험하듯 기다리고 있었다.

집으로 돌아오는 비행기 안에서 나는 혼자라서 힘들었지만
혼자라서 몇 배로 행복했던 이번 여행을 떠올렸다.

물론 해보지 못한 미션이 더 있었지만 버킷리스트의 성공
여부는 더 이상 큰 의미가 없었다. 길리에서의 슬로우
라이프 덕분에 일상에서도 전보다는 느긋하고 여유를
즐길 수 있는 넉넉함이 생겼다. 쏟아지는 이메일과 밀린
일에도 스트레스를 받기보다는 신나게 해치워 볼까 하는
전투력도 좀 생긴 것 같고 원고 마감일이 다가오는 것에

대한 심리적 압박도 전보다는 덜해졌다. 바쁜 와중에
잠깐이라도 시원한 커피 한 잔을 들고 옥상에 올라가서
하늘을 보면서 한숨 돌리기도 하고 온종일 스마트폰을
잡고 있는 대신 책을 읽고 산책을 하는 시간도 늘어났다.
약속에 10분이라도 늦으면 불처럼 화가 나던 성격도 좀
누그러진 것 같고 길리에서 자전거 타는 재미를 본 덕분에
날이 좋으면 종종 자전거를 타고 한강까지 달리기도 한다.
한 번의 여행으로 이 정도 변화면 완전 남는 장사 아닌가!
이렇게 여행은 사람을 조금씩 변화시킨다. 물론 좋은 쪽으로!

내가 사랑한 여행,
엄마가 사랑한 그리스

GREECE

박진주 » 힐링 » 그리스

인터넷 커뮤니티를 둘러보면 '20대에 꼭 해봐야 하는 것이
뭘까요?', '결혼 전에 꼭 해보라고 추천하고 싶은 것이
있다면?' 이런 종류의 질문이 꼭 있다. 여기에 대한 대답
중 '미혼에 20대라면 무조건 여행을 떠나세요. 특히 엄마,
부모님과 함께 떠나는 여행이요'라는 내용에 나도 격하게
동의하는 바이다.

사실 나는 비교적 엄마와 여행을 자주 떠나는 편이다.
엄마도 나만큼이나, 아니 나보다 훨씬 여행을 좋아하기
때문이다. 따지고 보면 내가 여행 작가가 될 수 있었던
끼는 모두 그녀에게서 물려받은 것이다. 왕성한 호기심과
낙천주의, 늘 떠나고 싶어 하는 방랑벽, 겁 없이 일단
저지르고 보는 대범함까지. 엄마의 어린 시절 사진을
보면 죄다 나무 꼭대기에 올라가 있거나 용감무쌍한
포즈를 한 사진뿐이다. 그런 엄마 덕분에 나는 어릴
때부터 이곳저곳을 많이 다녔다. 또 엄마가 사진 찍는
것도 좋아하셨기 때문에 어린 시절의 모습이 담긴 앨범도
어마어마하게 많다.

마침 우리에게 선물처럼 긴 휴가가 주어졌다. 이 귀한
휴가에 어디로 갈지를 정하는 것은 그리 오래 걸리지
않았다. 엄마와 나의 로망이 듬뿍 담긴 여행지는 어릴
때부터 이미 정해져 있었기 때문이다.

우리 엄마를 소개합니다!

이름	이점례 여사
나이	마돈나와 같은 나이임을 항상 강조하는 58년 개띠
신장	158cm의 아담한 키
취미	홈쇼핑, 프랑스 자수, 사우나, 딸이 만들어준 여행 앨범 보고 또 보기
특징	환갑이 지난 나이에도 20대 부럽지 않은 날씬한 몸매에
	자칭 타칭 패셔니스타.
	여전히 왕성한 호기심과 소녀 감성을 품고 있는 동시에
	잔 다르크 부럽지 않게 적극적이고 자신감이 넘치는 성격.
	본인은 절대 인정하지 않지만 가끔, 아니 자주 길치임을 확인시켜 줌.
	아빠의 과도한 미모 칭찬으로 약간의 공주병이 있음.

박진주 » 힐링 » 그리스

그리스 GREECE!

그룹 아바ABBA의 빅 팬이었던 엄마, 그 덕분에 매일 아바의
공연 영상을 보며 자란 나. 10살도 안 된 아이가 동요보다도
더 많이 흥얼거린 노래가 댄싱 퀸Dancing Queen이었을
정도였으니까. 그리고 뮤지컬 영화 맘마미아Mamma Mia!
아바의 노래로 꾸민 뮤지컬 맘마미아는 꼭 우리 모녀 이야기
같았다. 누구나 반할 정도로 아름다운 그리스의 풍경,
모험심 강한 여장부 같은 엄마와 어디로 튈지 모르는 딸,
여기에 너무나 좋아하는 아바의 음악까지 흐르니 그야말로
맘마미아는 우리 모녀를 위한 맞춤 영화였다.

그리스는 우리가 상상했던 모습 그대로, 아니 그 이상으로
아름다웠다. 그리스의 첫 관문이었던 로도스 섬은 마치
클래식한 중세 영화 속으로 빠져든 것처럼 이국적이고
고전적인 분위기였고, 엄마와 나는 홀딱 반해버렸다.
로도스에서 페리를 타고 그리스 여행의 하이라이트인
산토리니로 넘어갔다. 여행을 결심하게 만든 로망의 결정체
산토리니는 광고에서 봤듯이 구름 한 점 없는 새파란 하늘과
바다로 우릴 맞이했다. 파란 하늘과 바다, 눈길 닿는 모든
것들은 하얀 동화 같은 마을. 눈앞에 펼쳐진 풍경이 너무

아름다워 한 걸음 뗄 때마다 쉴 새 없이 셔터를 누르고 또
눌렀다. 물론 엄마는 나보다 몇 배나 감탄하며 행복해하셨다.
부모님과 함께하는 여행은 마치 가이드가 된 듯 일정은
한 치의 오차도 없어야 하고 처음 간 곳도 잘 아는 것처럼
이끌어야 한다. 사실 누군가와 여행을 함께한다는 것은
쉽지 않은 일이다. 여행 스타일은 사람마다 다르고, 낯선
환경은 순둥이도 예민하게 만들기 때문이다. 오죽하면 친한
친구와는 여행하지 말라는 말이 있을까. 그러니 동행하는
누군가가 사랑하는 가족이라 해도 안심할 수는 없다.
엄마와의 여행도 처음부터 끝까지 마냥 화기애애하지는
않았다. 이미 난 엄마와 몇 번 여행을 하면서 묘한 트러블을
경험했기 때문에 모처럼 떠난 우리 모녀의 로망, 그토록
기다렸던 그리스 여행에서는 부디 그런 미묘한 기류가
흐르지 않기를 바랐다.
우리 모녀의 트러블은 주로 이런 식이다. 호기심 왕성하기로
둘째가라면 서러운 엄마는 모든 것이 궁금하고 막 말문
트인 아이처럼 질문 또한 어마어마하게 많다. 물론 내가
잘 아는 곳이라 어깨를 으쓱하며 설명해줄 수 있으면
다행이지만, 두 손에 짐을 바리바리 들고 정신없이 길을
헤매는 낯선 여행지에서 속사포처럼 쏟아지는 엄마의
질문들은 가끔

나를 지치게 한다. 그러면 당연히 퉁명스러운 대답이
나갈 때가 있고, 그럼 엄마는 그게 섭섭해서 침묵으로
응수했다. 밑도 끝도 없이 이쪽 길이 맞다고 우길 때도 종종
있었다 (지도는 본 적도 없으면서 오로지 육감에만 따른 주장이라는 것이 문제다).
그럴 때면 서로 내가 맞다면서 목소리가 높아지기도 한다.
난 너무 지쳐서 쉬고 싶은데 엄마는 그 연세에 산삼깍두기를
먹은 장정처럼 기운이 넘쳐서 조금만 더 가보자, 저기 저
높은 곳까지 올라가자고 설득한 적도 많다. 그럴 때면
난 고개를 절레절레 흔들면서 혼자 다녀오라고, 더는 못
가겠다며 거절한다. 이런 사소하지만 미묘한 트러블을
겪은 날 밤이면 엄마의 여행 일기장에는 어김없이 나에 대한
서운함과 약간의 흉이 담긴다. 이를테면 '내가 두 번 다시
너랑 여행을 오나 봐라'는 식이다 (이 사실은 아주 나중에 엄마의
뒤늦은 고백으로 알게 되곤 한다).

그리스 여행을 떠나며 이번만큼은 절대로 그러지
않겠노라고 몇 번이나 다짐했지만 예약해야 하는 페리가
취소되거나 픽업 차가 오지 않는 등 여러 가지 변수가
생기면서 나 또한 예민해져 결국 그 다짐은 다 지켜지지
못했다.
산토리니 이아 마을에서도 우리 둘 사이에는 묘한 기류가
흘렀다. 엄마는 내가 가자는 왼쪽 길 대신 억지를 부리듯

반대 방향으로 성큼성큼 걸어갔다.

"너 없으면 내가 아무것도 못 할 줄 알고?"

나도 마음이 상한 나머지, 자신만만하게 혼자 걸어가는
엄마를 따라가고 싶지 않았다. 그리고 얼마 후 내가 서 있는
자리로 돌아온 엄마는 당당한 얼굴로 나에게 카메라를
건넸다.

"사진 봐봐. 엄마가 뭐랬어? 이쪽이 더 멋있을 거 같다고 했지?
"…사진은 누가 찍어줬어?"
"잘생긴 서양 총각이 있더라. 카메라 주면서 손가락으로 찍는
시늉을 했지! 어때, 멋지지? 너 없이도 엄마 잘 다닐 수 있다."

◆
잘생긴 서양 총각이 찍어준
바로 그 사진.

자신이 찍어온 사진을 보며 연신 웃는 엄마의 얼굴이 마치
100점 맞고 신난 아이처럼 천진난만해서 나도 모르게
피식 웃음이 나와 버렸다. 엄마의 말이 맞을 수도 있었는데
나도 예민해지는 바람에 고집만 부린 것 같아서 미안하기도
했고, 그렇다고 혼자 저벅저벅 반대쪽으로 걸어가던 엄마의
뒷모습도 웃기기도 해서였을까.
엄마는 내가 안내하려던 곳보다 훨씬 멋진 곳을 스스로
찾아냈고 낯선 외국인에게 손짓 발짓으로 부탁해 멋진
배경에 기념사진까지 찍어왔으니 분명 그날 밤 일기장에 이
자랑스러운 경험을 신나게 기록했을 것이다.
물론 엄마와의 여행에서 장점도 많다. 최고의 요리사와
함께하는 셈이니 어디든 부엌만 있다면 성대한 엄마표
만찬을 즐길 수 있다. 로도스 섬에서는 북엇국과 달걀찜,
산토리니에서는 닭백숙으로 몸보신을 했다. 그 외에도
마트에서 사온 신선한 재료로 무엇이든 뚝딱 만들어서
한 상 차려주시곤 했다. 친구들과 함께였을 땐 숙소가
전쟁터나 다름없을 정도로 지저분했지만 엄마와의
여행에서는 방금 체크인한 것처럼 늘 깨끗하다. 혼자였다면
빨래도 제대로 못 했을 텐데 엄마는 내가 아무리 말려도
기어코 내 옷들을 깨끗하게 빨아 구김 하나 없이 준비해
놓으시곤 했다.

또 늦잠을 자고 일어나면 엄마가 가방까지 다 싸고
아침밥까지 준비해 놓으니 호사가 따로 없었다. 마치 학창
시절처럼 말이다.
고등학교 다닐 때 아침잠이 많은 내가 늦잠을 자거나
학교 가기 힘들어할 때면 엄마는 내가 금세 먹을 수 있게
뜨끈한 국에 밥을 말아두셨고, 식탁에 앉아서 눈도 못 뜬 채
아침을 먹고 있으면 의자 뒤에 서서 젖은 머리를 드라이기로
말려주셨다. 그때처럼 지금도 엄마는 낯선 여행지에서 나를
위해 보이지 않게 온 신경을 써주고 계셨다. 함께 여행을
하면서 내가 챙기는 일이 더 많다고 생각했지만, 사실은
엄마가 나를 위해 할 수 있는 모든 것을 해주고 있음을
뒤늦게 깨달았다.
세상에서 엄마를 가장 잘 아는 사람을 나라고 생각했는데,

여행을 가서 그녀에 대해 새롭게 알게 된 점들이 더
많았다. 엄마가 얼마나 흥이 많고 호기심이 많은지,
수영을 얼마나 잘하는지. 그리고 바다보다 산을 더
좋아한다는 것, 혼자서 이어폰을 끼고 올드 팝을 듣는 걸
좋아한다는 것, 이른 아침 혼자서 하는 산책을 즐긴다는
것, 한식보다 피자나 파스타를 더 맛있게 드신다는 것.
일상에서는 당연하다고 생각했기에 놓치고 지나갔을
것들, 엄마이기에 포기했던 것들, 여행에서의 들뜬 마음을
빌려서야 겨우 말할 수 있는 쑥스러운 애정 표현 같은
것들. 이 모든 것들이 여행을 통해서 비로소 가능한
일들이었다.

아마 함께 여행을 하지 않았다면
영영 몰랐을 수도 있을 것들이다.

무엇보다 엄마와의 여행에서 최고의 즐거움은 아이처럼
좋아하는 엄마의 모습을 보는 것이다. 새로운 곳을 보고
좋아하는 모습을 볼 때면 그동안의 힘들었던 여정이나
고생은 전부 사라지고 마음 가득 뿌듯함이 차오르면서
나까지 몇 배나 행복해졌다.
산토리니의 아름다운 와이너리 산토 와인Santo Wine에서

일생일대 가장 멋진 일몰을 감상하고 와인과 치즈로 기분
좋게 취한 밤, 엄마는 고단했는지 일찍 잠이 들었다. 문득
잠든 엄마의 발이 눈에 들어왔다. 225mm도 안 되는 저 작은
발로, 저 가녀린 다리로 어떻게 지금까지 우리를 키우고
치열하게 살아냈을까. 나에겐 슈퍼우먼이자 해결사, 그
누구보다 특별한 존재, 존경해 마지않는 롤 모델.
환갑을 넘긴 지금도 청춘처럼 열정적으로 하루하루를
살아가는 엄마의 모습을 보며 정신이 번쩍 들 때도 많다.
게다가 엄마는 밤을 새며 수다를 떨 수 있을 정도로 말이
잘 통하는 대화 상대이자, 내가 하고 싶은 일이 생기면 가장
먼저 털어놓게 되는 친구 같은 존재다. 그중에는 무모하고
황당한 것도 많았지만 한 번도 반대하지 않고 물심양면으로
도와주셨다.
남들이라면 결사반대했을 일도 "열심히 해 봐!"라며 응원을
보냈던 엄마. '내 엄마'라는 사실이 기적 같고 감사하게
느껴질 정도로 내겐 너무나 완벽한 엄마. 용감하고 거침없어
보이지만 마음속에는 아직도 소녀가 있는 듯 호기심이
가득한, 어떠한 상황에서도 기죽지 않고 당당한 모습으로
인생을 즐길 줄 아는 사람. 내가 엄마 성격의 반만 닮았어도
아마 큰 인물이 되었을 거라고 장담할 정도로 그녀는 참
대단한 사람이다.

곤히 잠든 모습을 보며 이 생각 저 생각 하다 보니 문득
엄마가 참 답답했을 것 같다는 생각이 들었다.
항상 열정적으로 무슨 일이든 도전하고 앞장서는 성격인데
외국 여행에서는 언어라는 장벽 때문에 내 뒤를 따를 수밖에
없었으니 말이다. 그제야 엄마의 서운함이 이해가 되면서
미안해졌다.
'다시는 퉁명스럽게 말하지 말아야지. 순간의 짜증,
예민함으로 두 번 다시 없을 이 순간을 망치지 말자.'
부모님 품에서 일찌감치 독립한 나는 언젠가 이 순간을
절절하게 그리워하게 될 것을 알고 있다. 그렇기 때문에
더더욱 이 시간들이 소중하다. 엄마와 나, 우리 모두의
삶에는 모래시계처럼 한정적인 시간이 있고 그것은
매 순간 조금씩 사라지고 있다. 세월이 흐르는 만큼 함께할
수 있는 시간의 모래는 점점 떨어지고 있는 것이다.
여행의 마지막 밤, 아테네의 어느 호텔 옥상에 앉아 언덕
위의 아크로폴리스를 바라보며 와인을 마셨다.

"아까 네가 찍어준 사진을 보고 순간 깜짝 놀랐지 뭐니.
내 마음은 언제나 20대라고 생각하는데 사진 속에는 웬
나이든 여자가 있는 거야. 아직도 마음은 청춘인데 말이야.
내가 너만 한 나이에 이곳에 왔다면 얼마나 좋았을까."

그 이야기를 듣는 순간 가슴이 먹먹해졌다. 와인에 살짝
취한 엄마는 그날 밤 내게 많은 이야기를 해줬다.
나도 몰랐던 엄마의 청춘 이야기 말이다. 어릴 적 여행가가
되고 싶었던 꿈, 엄마가 살고 싶었던 삶, 젊은 날의 추억,
누리고 싶었던 자유. 그리고 세상 밖을 자유롭게 경험하는
삶을 딸인 내가 살고 있어서 엄마의 꿈을 대신 이룬 셈이니
행복하다는 말도 덧붙였다.

"그래도 딸 덕분에 평생 꿈만 꾸던 곳에 오고. 엄마 출세했네."

엄마의 목소리는 기분 좋게 취해 있었다.
저 멀리 아크로폴리스는 은은하게 빛나고
있었고 와인은 달콤하기만 했다.

keyword

시간

writer

오상용

time

△

오상용 작가의 여행기는 삶의 여러 '시간'들이 다큐멘터리와
같은 풍경 속에 녹아 있다. 낯설지만 또 어딘지 모르게 편안한
풍경 속에서 그가 마주했던 많은 시간들이 사람들의 이야기와
얽혀 나온다. 한없이 연착되는 기차를 기다리거나 갑자기 떠난
여행에서 예상치 못한 만남과 이별의 시간들을 마주하면서
청춘 속에 녹아 있던 시간들을 되짚어 본다. 선택하려고
고민하는 시간, 뭐가 있을지 몰라서 불안한 시간, 생각해야
하는 시간, 기다려야 하는 시간. 우리는 청춘이 되어서
이 인생이 가진 시간의 의미들을 진지하게 마주하게 된다.
자신이 마음대로 할 수 있는, 아니 그래야만 하는 시간이
눈앞에 펼쳐지기 때문이다.

방황

『그때의 난 어땠었지?』

미래는 장밋빛,
현실은 회색빛

20대 중반까지만 해도 나의 삶은 특별할 거라 믿었다. 군 복무 기간에
읽은 책 200권이 계기가 되어 세계를 누비며 많은 이들을 만났고
다양한 경험을 했기에 어떤 난관도 이겨낼 거라 자신했다. 그간
여행 경험을 바탕으로 글도 쓰고 여행 강연자로 활동하면서 또래
친구들과는 다른 미래를 그려나갔고 그런 나의 삶은 누구보다 멋진
것이라 확신했다. 하지만 모든 것이 즐겁고 행복한 것만은 아니었다.
첫발을 디딘 사회는 냉혹했고 현실은 각박했다. 대학을 졸업하면
당연히 취업을 하고 가정을 꾸리고, 높은 연봉을 받아야만 성공했다고
인정하는 이 사회는 조금 다른 방식으로 살아가는 내게 '아웃사이더',
'잉여'라는 불편한 수식어를 붙여주었다. 마음 한구석에 존재했던
작은 두려움은 덩어리가 되어 특별하다고 생각했던 나의 삶에
몇 차례 고비로 다가왔다.
내가 잘하고 있는 것일까? 공부를 잘한 것도 아니었고 특별한
기술도 없는 평범한 20대 청년인데 주위의 기대는 언제나 내 능력
이상을 바라고 있었다. 그저 꿋꿋이 나만의 길을 가고 싶은 바람
하나뿐인데…. 언제부턴가 내 몸과 마음은 황폐해져 갔고 무기력한
일상으로 이어졌다. 이대로는 안 되겠다 싶어 지난 여행을 돌이켜보며

좋았던 기억을 떠올렸다. 아내를 처음 만난 곳에서의 추억,
아무런 준비도 없이 떠났다가 빈털터리가 되었던 여행지까지.
잠시나마 현실에서 벗어나 지난 시간을 떠올리다가 마음 한구석에
담아 놓았던 여행지 '티베트'가 생각났다.

티 베 트 에 가 면
잃 어 버 린 자 신 감 을 찾 을 수 있 을 까 ?

중국을 지나 제3국으로 넘어가는 장거리 여행 도중 파키스탄으로
가는 도로가 막혀 선택한 목적지가 티베트였다. 중국 칭하이성 중부
도시 거얼무에서 삼륜 자동차를 얻어 타고 티베트의 중심인 라싸로
향하는 3일의 여정은 고통의 연속이었다. 길은 대부분 상태가 좋지
않은 비포장도로에 해발 5,000m가 넘는 고산 지역이었다.
승용차와는 비교할 수 없이 좁은 삼륜 자동차에서는 가만히 앉아
있는 것도 괴로운데 계속되는 흔들림과 고산 증세가 찾아오자
몇 차례 정신을 놓을 정도였다.
그렇게 사경을 헤매듯 티베트의 중심 라싸에 도착하자 더 이상
이 좁고 덜컹거리는 차를 타지 않아도 된다는 사실에 행복했고,
무엇보다 살아서 도착했다는 사실에 감사했다. 이 차에서 내리면

뭐든 할 수 있을 것 같았고 새로운 삶을 시작하는 듯 모든 것이 평온하게 느껴졌다. 안도의 순간도 잠시, 난 어딘지도 모를 도로에 버려진 채 한참을 멍하니 서 있었다. 오래 이동하느라 힘들기도 했지만, 눈앞에 보이는 풍경이 그야말로 장관이라 움직일 수 없었다. 머리 바로 위에는 하얀 뭉게구름이 떠다니고 있었고, 구름과 맞닿은 산 중턱에는 하늘 궁전이라 불리는 포탈라궁이 만년설이 덮인 산맥과 어우러져 신비함을 더했다. 정식으로 입국을 허가받지 못한 외국인 여행자 신세이기에 오래 머물지 못했지만 이 강렬한 첫인상만으로도 내 마음에 꼭 다시 가보고 싶은 여행지 1번으로 자리 잡기에 충분했다. 티베트를 떠올리자 마음이 급해졌다. 노트북을 켜서 티베트로 가는 방법을 검색했다. 그 사이, 티베트 수도 라싸로 가는 방법이 많이 편리해졌다. 베이징에서 라싸까지 고지대를 달리는 칭짱 열차▲가 개통된 것. 난 이 기차를 타고 가기로 했다.

▲
2006년부터 중국 주요 도시를 연결하는 열차가 개통돼 운행 중이다. 기차명은 칭짱 철도(靑藏鐵路). 중국의 베이징에서 시작해 티베트 라싸까지 약 4,000km를 달리는 열차로 높은 고지대를 넘어서 가기에 하늘 열차라는 수식어가 붙었다고 한다. 전체 운행 구간의 평균 해발고도가 4,500m 정도로 고지대를 달리는 열차인 만큼 열차 내에 기압을 유지해주는 특수 장치와 고산 증세가 발생할 경우 완화시켜 줄 산소 공급기도 탑재되어 있다.

장거리 기차의 최고 장점은 자유로움이다. 늦게까지 자도 뭐라고 하는
사람도 없고, 보고 싶었던 책을 보거나 음악을 들을 수도 있다. 창밖의
풍경을 감상할 수도 있으며, 중간중간 정차하는 역에 내려 지역 음식을
맛볼 수도 있다. 오랜만에 찾아온 여유인 만큼 현실은 잠시 잊고 나만의
시간을 보내기로 했다. 침대칸에서 만난 티베트인들과 보디랭귀지로
이야기도 나누고, 싸 온 간식도 나누어 먹었다. 군인인데 휴가 기간 동안
남자친구를 만나러 라싸에 간다는 여군에게는 중국 군대에 대한 수많은
질문 공세를 폈다. 다른 언어를 사용하는 내가 신기한지 힐끔거리는
꼬마 녀석들에게 괜히 장난과 시비도 걸어보고 여러 칸을 오가며
칭짱 열차를 꼼꼼히 기록도 하며 나름 알찬 시간을 보냈다.
열차에서의 마지막 날. 이른 새벽 거얼무 역에서 출발한 열차는 눈 덮인
해발 6,000m의 탕구라 산맥을 지나 마지막 운행을 이어가고 있었다.
창밖에는 익숙하지 않은 대자연이 펼쳐져 있었고, 너나 할 것 없이 그
풍경을 바라보았다. 티베트 라싸에 도착할 시간이 얼마 남지 않았음을
알 수 있었다. 고산 증세가 오는 것일까? 라싸에 도착하는 시간에
가까워질수록 나의 심장 박동은 빨라졌고, 그간 쌓였던 불만과 고민은
기억조차 나지 않았다.

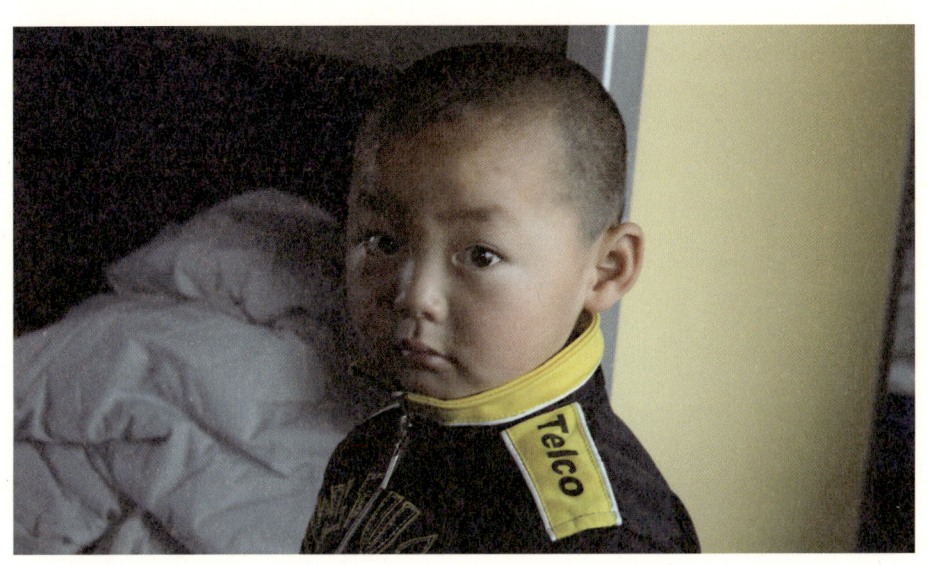

시간이 바꿔 놓은
라싸의 놀라운 풍경

기차 문이 열리는 순간 뼈가 시릴 정도로 차가운 바람이 몸 속으로
들이닥쳤다. 고산 지역이라 1년 내내 외투를 꼭 입어야 할 날씨인 걸
알고 있었지만, 그날은 유독 바람이 차갑게 느껴졌다. 중국 정부가
거대하게 지어 놓은 라싸 역을 빠져나와 빵차에 올랐다. 포탈라궁
인근에 있는 숙소로 가는 길, 창밖으로 보이는 풍경은 과거의 모습과
많이 달라져 있었다. 해발 약 4,000m급 고봉으로 둘러싸인 라싸
시내에는 과거에 볼 수 없었던 고층 아파트를 비롯해 중국 간판이
즐비한 상점가가 여럿 생겨 있었다. 티베트인들에게는 마음의
안식처인 포탈라궁 앞에는 화려한 조명과 거대한 조형물이 세워져
있었고, 마차가 즐비했던 도로는 버스와 승용차로 가득했으며 거리
곳곳엔 술집 홍보 포스터가 덕지덕지 붙어 있었다.
어떻게 이렇게 빠르게 달라졌을까?
가만히 생각해보니 철도가 개통되면서 수많은 물자와 사람들이
모여들었고 결국 라싸의 모습은 급격하게 변하고 있었던 것이다.
내 마음속에 새겨진 라싸의 옛 모습을 보고 싶었건만 다시 찾은
라싸의 첫인상은 중국의 여느 도시와 별반 다를 게 없었다.

오상용 » 시간 » 티베트

변해 보였지만
실은 변하지 않은 사람들

다음 날 아침, 숙소를 빠져나와 포탈라궁으로 향했다. 거리 곳곳에

빼곡하게 들어선 건물과 화려한 간판 사이로 불교의 경전이 들어

있다는 마니차를 돌리며 길게 행렬을 이어가는 한 무리를 발견했다.

불교 국가이자 불교 수행이 삶의 일부인 티베트에서 불교 사원을

돌며 자신보다는 모든 생명체의 행복을 기도하는 코라 행렬이었다.

양 무릎, 양 팔꿈치, 머리를 땅에 대고 절하는 오체투지로, 라싸까지

순례하는 것이 평생의 꿈인 이들에겐

결코 빠뜨릴 수 없는 의식이자 불교의 삶 그 자체였다. 행렬 무리에

섞여 그들을 따라갔다. 마니차를 돌리며 사원을 돌고, 차가운

아스팔트 바닥에 오체투지로 절을 하는 사람들. 집으로 돌아가는

오상용 » 시간 » 티베트

길에 사원 한쪽에 있는 가게에 들러 전통차인 수유차를 마시는 사람들까지 오래전 내가 만났던 그 모습 그대로였다. 언뜻 보기엔 많은 것이 변했지만 단단하게 뿌리 내린 정신만은 예나 지금이나 그들의 삶을 지탱해주고 있었다. 단지 달라진 건 눈에 보이는 거리 풍경과, 몇 년 전에 비해 부쩍 초라해진 내 모습뿐이라는 사실을 깨닫는 순간이었다.

지난날 삼륜 자동차를 타고 라싸에 도착했던 나에겐 뭐든 할 수 있을 것 같은 자신감과 열정이 가득했었다. 몇 년이 흐른 지금, '누가 뭐래도 내 길을 가겠다'는 의지는 점점 빛을 바래고 자신감은 피식거리며 사라진 지 오래다. 몇 번의 고비로 좌절하고 아무것도 하지 않은 채 의미 없는 시간만 흘려보내고 있었을 뿐이다.

티베트에 서 있는 그 순간, 그때의 나와 지금의 나를 동시에 만나는 기분이 들었다. 그리고 그들은 나에게 속삭이고 있었다.

그래, 내 가슴이 이끄는 곳으로 달려가 보자!

▼

티베트인들은 코라를 돌며 불경이 들어가 있는 마니차를 돌리고 있었다.

▽

하늘 호수라 불리는 남초
호수는 티베트인들에게는
마음의 안식처이자,
걱정과 근심을 덜고
평안을 얻는 장소다.

극복

『어려움도 즐길 수 있는 마음을 찾다』

우연히 발견한

여행자들의 성지,

카라코람

군 시절 나는 장갑차 조종수라는 보직을 맡았다. 그래서 당시
선임들의 지시로 취침 시간 이후 매일 1시간씩 주특기 공부를 해야
했는데, 곤욕이 따로 없었다. 군대 특성상 명령(?)은 따라야 했기에
매일 저녁 책상에 앉았고 지루한 주특기 공부는 대충하고 대신
시간을 때우기 위해 책장에 꽂힌 책들을 읽곤 했다. 책 중에는 여행
관련 내용이 많았는데, 그중에서 가장 인상적인 내용 중 하나는 세계
배낭여행자들이 여행지 1위로 손꼽은 '카라코람▲ 하이웨이'에 관한
것이었다. 책 속에 구름 위의 도로 카라코람 하이웨이를 담은 사진과
기자의 글이 얼마나 맛깔났는지 나도 전역하면 꼭 한 번 가보리라
다짐했다.

▲

카라코람 산맥(Karakoram)은 대 히말라야 산맥의 일부분으로 파키스탄과 인도, 중국 국경
지대의 고산 지대를 통칭하기도 한다.

꼭 한 번은 가야 할
운명적인 여행지,
카라코람 하이웨이

전 세계 여행자들이 손꼽는 인기 도로인 카라코람 하이웨이는
중국과 파키스탄을 연결하는 도로다. 세상에서 가장 아름답고
위험한 도로라는 수식어가 붙은 도로로 마치 하늘을 지나는 듯 높고
가파르다. 신라 시대 혜초 스님이 천축국인 인도를 순례하고
돌아오는 길에 '죽은 이의 뼈를 이정표로 삼아 넘었다'는 세계의
지붕 파미르 고원과 쿤제랍 패스(해발 4,693m)를 지나는 도로인데
얼마나 험준했으면 완성하는 데만 10년이 넘게 걸렸다고 한다.
그렇게 위험한 길임에도 꼭 가봐야 할 도시로 손꼽힐 만큼
아름다움이 공존한다는 것이 무척 궁금했다.
카라코람 하이웨이로 가기 위해 출발지인 카슈가르까지 이동을
했다. 금전적 여유가 있다면 중국 국내선으로 편하게 이동할 수
있겠지만 돈보다는 시간이 더 많은 시기였기에 인천에서 출발해
북경을 거쳐 기차 구간만 약 52시간을 타고 카라코람 하이웨이
여행의 출발점인 카슈가르에 도착했다.

중국인데
아닌 듯한 여긴 어디?

카슈가르는 이국적인 풍경이 가득했다. 중국 내 소수민족 중 다섯

번째로 인구 규모가 큰 위구르족은 아시아보다는 중동에 가깝다.

피부색은 물론 생김새도 중국인과 다르고 심지어 건축 양식을

비롯해 음식과 생활 풍습까지도 특이해 중국이라는 국가에 속해

있지만 자기만의 방식으로 마을을 형성해 마치 중동의 어느 도시에

온 듯한 느낌이었다. 거리 곳곳에서 판매하는 말린 열대 과일,

오래 보관할 수 있도록 말린 빵, 두껍게 썰어 쇠창살에 꽂아 화덕에

굽는 양꼬치, 이슬람 양식의 화려한 건축물, 위구르 특유의 바자르(시장)

풍경까지. 지금 내가 서 있는 곳이 중국이라는 것이 믿기 어려웠다.

특히 위구르 지역 하면 양꼬치가 유명한데, 중국의 여느 도시는

물론 우리나라에서도 흔히 볼 수 있는 양꼬치와는 비주얼부터가

다르다. 두껍게 썬 양고기에 갈비뼈 한 대를 포함해 쇠꼬챙이에

끼워 화로에 넣고, 기름기를 쫙 뺀 다음 소금으로만 간을 하는데

그 맛이 기가 막히다. 거기에 화덕에서 구워낸 빵과 함께 먹으면

금상첨화. 카라코람 하이웨이도 그립지만 이곳에서 먹은 양꼬치가

생각나 이후에도 몇 번이나 더 위구르 지역을 찾아갈 정도로 그들의

양꼬치는 최고봉이 아닐 수 없다.

하늘 위로 난
도로를 달리는
국제버스

카슈가르를 지나 중국 국경에 위치한 타쉬쿠르칸에 도착해
카라코람 하이웨이를 지나는 국제 버스에 올랐다. 족히 30년은
되어 보이는 오래된 버스 내부엔 2층 침대가 빼곡하게 놓여
있었다. 당혹스러워하는 내 표정을 읽었는지 국제 버스 운전사가
말했다.

"지금은 안전하니까 걱정하지 마."

"사고 난 적은 없어?"

"가끔 있는데, 괜찮아. 큰 사고는 아니었어."

십여 년 동안 이 구간을 운행했다는 운전사의 표정엔 여유가
가득했다. 특히 카라코람 하이웨이에서만 볼 수 있는 풍경을
이야기할 때의 그의 표정엔 미소가 가득했다. 도대체 무엇이 기사
아저씨와 전 세계 여행자들을 매료시켰을까? 중국 국경을 지나
카라코람 하이웨이에 진입한 버스는 대자연의 품으로 출발했다.

오상용 » 시간 » 파키스탄 카라코람 하이웨이

중국 국경을 지나 쿤제랍 패스까지 이어지는 도로는 비교적 상태가 좋았다. 도로 전체에 아스팔트가 잘 깔려 있어 흔들림도 없었고 무엇보다 고산 특유의 그림 같은 풍경이 멀미를 잊게 하기에 충분했다. 파미르 고원 분지에 있는 카라쿨 호수는 만년설이 뒤덮인 고봉에 둘러싸여 신비로움이 넘쳐흘렀고, 가까운 타클라마칸 사막에서 불어온 모래로 덮인 산맥 일부는 그림보다 아름다웠다. 즐거움도 잠시, 오르막길이 시작되면서 굽이굽이 오르는 버스 안에서 한바탕 난리가 났다. 국제 버스에는 파키스탄과 중국을 오가며 소규모 무역을 하는 인도인과 파키스탄인이 있었는데 커브 길이 계속되자 좌석 위 짐칸에서 짐이 쏟아지기 시작한 것이다. 흔들리는 버스 안에서 휘청거리며 짐을 챙겨야 하는 상인들은 정신이 없어 보였다. 해발 3,000m에서 시작해 4,600m가 넘는 쿤제랍 패스까지 이어진 산길은 2시간이 넘게 계속됐다. 결국 어지러움과 구토 증세까지 나타나 상당히 괴로웠다. 창밖 풍경을 즐기기는커녕 내 몸 하나 가누기 힘든 상황이 됐다. 드디어 쿤제랍 패스를 지나 파키스탄 지역이라는 표지판이 나오기 시작했다. 다 끝났구나! 아닌가? 맙소사. 이제부터는 비포장도로가 시작됐다. 과연 정말 이런 곳이 전 세계 여행자들이 강력히 추천하는,

살아생전 꼭 가고 싶은 여행지 1위에 빛나는 곳이 맞을까?

중국 정부와 파키스탄 정부가 합의하에 카라코람 하이웨이 건설을

시작했는데 자금 상황이 열악한 파키스탄은 몇십 년째 도로 공사를

진행하면서도 30%도 완성하지 못했다고 한다. 하늘 길이라 불릴

정도로 높고 험한 곳을, 잘 닦인 아스팔트 도로를 달려와도 불안한데

돌멩이와 모래가 가득한 비포장도로를 달려야 하다니, 오금이 저려왔다.

세상에서 가장 아름다운 길이라는 카라코람 하이웨이.
하지만 현실은 아슬아슬한 비포장도로다.

벼랑 끝을 아찔하게 달리는 버스. 심지어 고산병으로 인한 두통이
동반하니 쓰러지기 일보 직전이다. 집 나가면 고생이라는 말이
지금처럼 생생하게 와 닿은 적도 없었다. 알면서도 굳이 이곳까지
와서 사서 고생을 하고 있는 나 자신이 참 바보 같았다.

"불평해봤자 뭐해? 어차피 지나가야 하는데.
창밖의 풍경을 보며 표정 풀라고."

부글거리는 나의 마음에 평온을 가져다 준 건 다름 아닌 버스 기사의
충고였다. 매일 이 도로를 달려서 생계를 유지한다는 기사는 얼굴에
불만만 가득한 내가 안쓰러웠는지 카라코람 하이웨이를 즐길 수
있는 노하우(?)를 전달해 줬다. 기사의 말에 많은 생각이 교차했다.
어차피 꼭 지나가야 하는 길을 가고 있음에도 스스로 문제를 만들고
해결할 수 없는 현실을 탓하고 있던 나 자신이 부끄러웠다.
이내 마음을 가다듬고 창밖을 바라보았다. 그제야 카라코람
하이웨이의 진짜 감동이 눈에 들어오기 시작했다.
척박한 산길 사이로 얼굴을 내밀고 있는 고봉. 버스 주변으로는
거대한 산맥이 둘러싸고 있었고 그 모습이 정말 장관이었다.

몇 천 년 동안 비바람에 깎여 기기묘묘한 형상이 된 산봉우리는
너무나 인상적이었다. 고작 100년도 못 살면서 아등바등하는
인간이 초라해 보일 정도로 대자연의 위용은 가히 대단했다.
아쉽게도 날씨가 화창하지 않았지만 바로 눈앞에서 만년 빙하가
뒤덮인 고봉과 마주하다니!
버스 창밖으로 보이는 모든 풍경들이 신비로워 보이기 시작했다.
세계 그 어디에서도 보기 힘든 풍경이었다. 머리 바로 위까지 구름이
내려와 마치 하늘에 올라와 있는 듯한 느낌이었고 척박한 환경
속에서 있는 그대로를 보여주고 있는 자연의 모습은 평온했다.
생각해보면 버스가 처음 출발할 때부터 지금까지 저 자연은 줄곧
상상 속에나 나올 경이로운 모습이었음에도 마음에 쌓이는 불만
때문에 난 아무것도 보지 못하고 있었던 것이다.

마음먹기에 따라
생고생이 감동으로!

중국 국경에서 출발해 7시간을 달려 파키스탄 국경 마을 소스트에
도착하면서 카라코람 하이웨이 여행이 끝이 났다.
카라코람 하이웨이는 파키스탄의 수도 이슬라마바드까지

이어지지만 나에게는 취업이라는 굴레가 기다리고 있기에
더는 머물 시간이 없었다.

카라코람 하이웨이 여행이 끝난 직후 나의 삶에는 많은 변화가
일어났다. 많은 시험을 봤고 취업 준비를 했다. 아마 내 인생에는
앞으로도 피해갈 수 없는 고된 일들이 카라코람 하이웨이의
커브 길처럼 이어질 것이다. 평범한 인간의 삶이란 대부분 그럴
것이다. 그러나 어차피 반드시 지나가야 할 시간이라면, 그 시간
안에서 뭔가를 발견할 수 있는 여유를 찾아야 하지 않을까.
내가 카라코람 하이웨이에서 눈을 감고 고통스러워 하느라 보지
못한 대자연의 위용을 눈을 뜨고 고개를 돌리자마자 볼 수 있었던
것처럼. 그것이야말로 자신의 운명을 더 유리하게 선택하고
올바른 방향을 이끌 수 있는 특별한 방법이리라. 그 값진 가르침을
나는 카라코람 하이웨이를 통해 경험했다. 내 30대의 초석이 된 여행,
카라코람 하이웨이가 주는 교훈은 바로 이것이다. 현명한 사람은
불만보다는 그 안에서 행복을 찾을 줄 안다는 것.

오상용 » 시간 » 파키스탄 카라코람 하이웨이

고민

『세상이 다시 보인 느린 여행』

두려움은 현실로,
꿈은 저 멀리

내일이라도 세상이 사라질 듯 하루도 쉬지 않고 놀았다. 1분 1초도
평범하게 보내고 싶지 않았다. 꽃다운 시절이 얼마 남지 않았던
대학 졸업반이었기에 나를 포함한 친구들은 대개 그랬다. 반대로
어른들의 잔소리는 배 이상으로 늘었다. 번듯한 직장에 들어가려면
지금이 가장 중요하다며 쉬지 않고 놀기만 하는 우리가 마음에 들지
않는다는 표정이었다. 딱히 방법이 없었다. 아니 정확히 표현하면
어떻게 해야 할지 몰랐다. 학교만 잘 다니면 취업은 물론 멋진 미래가
시작될 거라 생각했는데. 비록 성적이 아주 뛰어나진 않았지만
이 시대가 만든 정해진 길은 잘 따라왔다 생각했는데. 계속된 취업난과
경제 불황까지 겹쳐 우리의 미래는 암담했다.

닭이 먼저냐, 달걀이 먼저냐?
고민 말고 떠나!

그 당시 나에게 가장 큰 문제는 '좋아하는 일을 먼저 할 것인지'
아니면 '우선 좋아하지는 않지만 생계를 해결할 일을 하고, 어느 정도

돈을 모아 좋아하는 일을 해야 하는지'를 결정해야 하는 것이었다.
좋아하는 일을 하면서 흔히 말하는 성공까지 거머쥐면 좋겠지만
혹시라도 실패로 돌아가면 그때까지의 시간은 허비한 상황이 된다.
좋아하지 않는 일을 우선 시작하고 다음을 기약한다면, 과연 그
'나중'에 내가 원하는 일을 다시 할 수 있을지 불안했다. 아무것도
알 수 없었다. 가까운 지인, 선배, 부모님과 친구의 도움을 받아
답을 찾아보려 했지만 이건 오로지 스스로가 선택해야 할 문제요,
20대라면 누구나 한 번은 넘어야 할 큰 산이었다.

　　　"상용. 그렇게 머리 아파하지만 말고, 여행 다녀올래?"
　　　"무슨 여행이요?"

당시 나 못지않게 고민이 많던 사람들 중, 이런 제안을 한 누나가
있었다. 여행 모임에서 우연히 만난 누나였는데, 이야기도 잘 통하고
무엇보다 나의 하소연을 잘 들어주는 아주 고마운 사람이었다.
뭘 해야 할지 선택해야 하는 인생의 갈림길에서 고민하고 있는
나에게 선뜻 저렴하게 구매한 배표를 주겠다며 홀로 여행을 다녀올
것을 제안했다. 풀리지 않는 고민만 하느라 끙끙 앓지 말고
좀 다른 곳에서 해답을 찾아보길 권하는 누나의 조언에 따라
그렇게 갑작스러운 일본 여행은 시작되었다.

일본의 물가 중에서도 특히 교통 요금은 무척이나 비싸서 여러
도시를 돌아보는 일정을 계획하기가 쉽지 않다. 그러다 우연히
'청춘18 티켓'이라는 전국 기차 노선을 이용할 수 있는 교통권을
발견했다. 우리나라의 '내일로'와 같은 개념으로, 정해진 기간 동안
구매 및 이용할 수 있는 기차표이다. 고속열차를 제외한 전국 JR
노선을 정해진 기간 동안 무제한 이용할 수 있다. 느리긴 하지만
이왕 일본까지 간 김에 여러 도시를 여행해보고 싶었고 딱히 계획도
없었기에 청춘18 티켓을 이용한 느린 기차 여행을 하기로 마음먹었다.
여행의 출발지는 후쿠오카. 가장 먼저 JR 역을 찾아가 청춘18 티켓을
구매했다. 일본어를 전혀 못해서 걱정했는데 한국어를 할 줄 아는
직원이 있었다. 여행의 첫 단계가 생각보다 쉬워서 이 여행은 대체로

무난하겠다 여겼다. 하지만 얼마 가지 않아 난관에 봉착했다.

내가 가진 티켓은 JR 열차 중에서 가장 느린 열차만 이용할 수 있다고 들었는데, 하루에도 수백 번 이상 오가는 열차 중에서 어느 열차가 내가 탈 것인지 알 수가 없었다. 그것도 그럴 것이 일본에는 일본 국영 철도Japanese National Railways가 1987년에 민영화되면서 발족한 JR 외에도 수십 개의 민영 철도가 있다. 일부 역엔 여러 개의 민영 철도가 같은 플랫폼을 이용하기도 했고, 심지어 JR마저도 보통, 쾌속, 급행, 특급 등으로 여러 종류가 있었다. 우리나라의 기차처럼 기차역에서 방향만 알고 타면 될 줄 알았는데 미로보다 더 복잡한 일본 기차 시스템이 무척 어려웠다.

처음 JR을 이용하러 간 후쿠오카 하카타 역에는 정말 많은 레일이 있어 더 난감했다. 도대체 어디서 타야 할지도 모르겠고, 방향을 제대로 찾아가도 내가 타도 되는 기차인지 알 방법이 없었다.

그렇다고 기차표까지 샀는데 포기할 수 없었기에 지도와 기차표를 움켜쥐고 개찰구로 갔다. 내가 갈 방향을 가리키며, 청춘18 티켓을 보여줬더니 나를 살펴본 친절한 직원은 기차표 타임라인을 확인하고 손수 레일 앞까지 배웅을 해줬다. 이후로 몇 번 더 이 방법을 이용하면서 목적지 표시판에 JR이라 적혀 있고 검은색이나 빨간색, 파란색으로 급행이라 적힌 열차는 이용해도 된다는 사실을 터득했다.

일본 기차에 익숙해질 무렵, 내가 탄 기차는 도심을 빠져나와 한적한

시골길을 달리고 있었다. 불과 30분 전만 해도 앉을 자리를 찾아
눈치를 봤는데 이제는 몇 명이 타고 있는지 눈으로 셀 수 있을
정도로 사람 수가 줄어 있었다.

낯선 기차에서 만난
친근한 사람들

'이 역을 지나쳐간 사람 중에 외국인 여행자가 나 말고 또 있을까'
하는 궁금증이 생겼다. 사람을 찾아보기도 어려운 한적한 간이역에
정차한 기차는 30분째 움직일 생각을 안 했다. 어느 시골 역에선
너무 오래 정차해 있어 혹시 종착역이 아닐까 의심하며 몇 번을 내려
확인까지 할 정도였다.
'이렇게 느린 기차를 누가 이용하겠어?'
하지만 예상은 빗나갔다. 어떤 구간에선 학교에 지각했는지 안절부절
하는 고등학생 무리를 만나기도 했고, 저녁 시간엔 고된 하루를
무사히 마치고 집으로 돌아가는 이들로 가득했다. 싸웠는지 함께
타서 말 한마디 안 하는 커플도 보였고 손을 꼭 잡고 함께 앉아 있는
부부, 엄마와 함께 탄 꼬마들까지 조용한 듯해도 생각보다 많은
이들이 내가 있는 공간을 스쳐갔다.

모든 것이 빠르게 돌아가는 경쟁 사회 속에서 1분 1초를 다투는
효율성이 최고라 교육받은 내게 가다 서다를 반복하는 느린 기차는
무척 낯설었다. 하지만 시간이 흐를수록 그 속도에 익숙해졌고
비로소 그간 보이지 않았던 주변을 보는 것은 물론, 많은 것을
돌이켜보고 생각할 수 있는 시간을 갖게 되었다. 느린 기차 속에서
여행을 떠나기 전까지 고민했던 진로에 대해 다시 곰곰이 생각했다.
그리고 문득 깨달았다. 난 꿈이 뭔지도 모른 채 성공에 매몰되어
있었다는 사실을. 떠밀리듯 현실과 타협하고 경쟁에 동참하기로
해놓고, 계속해서 고민만 하며 시간을 낭비하고 있었다는 사실을
말이다. 고민만 하며 시간을 허비하면 아무런 변화도 일어나지
않는다는 현실을 가슴으로 이해하고 인정하게 된 순간이었다.
느리긴 하지만 결국엔 목적지에 그것도 약속한 시간에 정확히
도착하는 일본의 기차처럼 속도보다는 정확한 목적지에 도착하는
것이 가장 중요한 것이 아닐까. 조금 더 빨리 가려는 방법을
고민만 하다 때를 놓치고 느린 기차보다도 더 느리게 가고 있었던
것은 아닐까.
후쿠오카에서 출발해 오사카를 거쳐 도쿄까지 가는 약 2주 동안

많은 생각과 고민을 정리했다. 가장 큰 변화는 당장 무엇이라도
시작하기로 다짐한 것이었다. 빠르지 않아도 목적지에 정확히
도착하는 것이 가장 중요하다는 것을 깨달았고, 그게 조금 돌아가는
방식이더라도 가고 싶다는 생각이 들면 당장 실천하겠다는 중요한
인생의 철칙을 세운 계기였다.

멈추면
비로소 보이는 것들

한국에 돌아온 이후, 내가 정한 목적지에 도달하기 위해 하나씩
과정을 이어갔다. 지금 나는 아직 목적지에 도착하지 못했다. 하지만
그곳에 가기 위한 일들을 실행하며 많은 성장과 변화를 경험했다.
그리고 조금씩 내가 정한 목적지에 가까워지고 있음을 느끼고 있다.
30대가 된 지금도 삶의 방향에 대한 고민이 쌓일 때면 홀로 느린
여행을 떠나곤 한다. 고민하면서 시간을 허비하기보다는 잠시 멈춰
주변을 돌이켜보고 마음을 정리해 실천하는 삶을 살겠다고
다짐했던 20대의 일본 기차 여행을 떠올리며 말이다.

▽
기차 못지않게
배차 시간도 길고
아주 느리게 갔던
시골 버스.

버킷리스트

『눈 감고 떠올려봐, 꿈의 여행지를』

죽기 전
꼭 가고 싶은 여행지

「라오스에는 형언할 수 없는 편안함이 있다.
 모든 것이 빠르게 변하는 이 세상과는 단절된 듯
 라오스의 시계는 매우 느리게 흘러간다.」

20세가 되던 해 한 잡지에서 재미있는 기사를 발견했다.
유럽에 살지만 매년 한 달 이상 라오스에서 생활하는 일본인 부부의
인터뷰였다.
가장 인상적이었던 건 인터뷰와 함께 실린 사진이었는데, 강가 바로
옆 방갈로 발코니에 해먹을 걸고 누워서 책을 읽고 있는 모습이었다.
사진 속 그 모습이 얼마나 평온한지 보고만 있어도 저절로 미소가
지어졌다. 그리고 나도 언젠가는 꼭 라오스에 가서 편안한 여유를
만끽해 보리라 다짐했다. 그렇게 나의 버킷리스트 속 여행지 하나가
추가되었다.

그래,

라오스로 떠나야겠다!

꼭 한 번은 가겠다고 다짐했건만 실행은 쉽지 않았다. 20대 초반엔

학업에 아르바이트, 친구들과 어울리며 노느라 여유가 없었고

이후엔 군대 입대로 2년 2개월을 보내야 했다. 전역 후 떠난 장기

여행에서는 금전적 문제로 라오스를 포기해야 했었기에 여전히 꿈의

여행지로만 간직될 뿐이었다.

그러던 어느 날. 채널을 돌리다 익숙한 음악에 귀가 번쩍 뜨였다.

여행을 좋아하거나 여행에 대한 로망이 있는 사람들에게는

NO.1으로 손꼽히는 여행 프로그램 재방송이 시작되려는 참이었다.

오늘 소개되는 지역은 라오스. 언젠가는 꼭 가보고 싶은

여행지였기에 무척이나 반가웠다. 1시간 남짓한 방송을 보며 심장이

빠르게 뛰기 시작했다. 내가 그토록 바라고 꿈꿔왔던 여행지

라오스로 오라는 계시 같았다. '그래, 라오스다. 라오스로 가야겠다!'

일본인 부부의 인터뷰 내용을 떠올리며 인터넷을 뒤져 사진 속

장소를 찾아냈다. 그곳은 바로 돈 뎃Don Det. 라오스는 캄보디아와의

경계인 남부 지방에 약 4,000개의 섬이 모여 있는데, 그 중

자연환경이 가장 좋은 돈 뎃은 감성 넘치는 여행자들이 늘 손꼽는

동남아 인기 여행지였다. 목적지도 결정했으니 다음은 돈 뎃까지

가는 교통 정보를 수집해야 한다. 인천국제공항에서는 라오스 수도 비엔티안까지 항공편이 운행하고 있으며, 더 저렴하게 가고 싶다면 경유 항공을 이용하거나 육로(국제 버스)를 이용하는 것이 좋다는 사실을 알게 되었다. 몇 날 며칠을 항공사 사이트를 뒤지고 검색해 가장 저렴한 루트를 찾았다. 인천국제공항을 출발해 캄보디아 프놈펜을 거쳐 국제 버스를 타고 라오스 남부로 이동하는 육로 이동을 계획했다.

평화롭고 조금은 촌스러운, 여기 정말로 국경 맞아요?

"우엑!!!"

두통을 동반한 멀미로 초주검 상태다. 비용을 조금이라도 절약하려 선택한 육로였는데 결과적으론 최악의 선택이었다. 캄보디아 프놈펜에서 돈 뎃 근처 마을까지 거리는 약 600km. 도로가 잘 정비된 우리나라라면 5~6시간이면 충분한 거리지만 도로 상황이 좋지 않은 동남아에서는 10시간 이상이 걸린다. 거기다가 도로 공사는 어찌나 많은지. 잠이 들 만하면 공사 구간이 나타나 덜컹거리는 통에 뇌가 튕겨 나가는 줄 알았다.

우여곡절 끝에 국경에 도착했다. 국제 버스를 타고 국경을 넘을 때는
각 나라의 출입국 관리소에 도착할 때마다 버스에서 내려 입출국
신고를 하고 다시 버스를 타야 한다. 북한을 제외하면 육로 국경이
없는 우리에게는 낯설고 번거롭게 느껴질 수 있겠지만, 육로 국경
출입국이 공항 출입국보다 빠르고 단순하다. 먼저 들른 캄보디아
국경은 캄보디아 전통 양식 건물에 대기자를 위한 휴식 공간까지
제법 시설을 잘 갖추고 있다. 여권을 주니 묻지도 따지지도 않고 통과.
다음에 또 놀러 오라며 인사까지 건넨다. 그리고 약 1~2분을 달려
라오스 국경에 도착했다. 도착 비자 발급과 입국 신고를 하려 버스에서
내리는 순간, 너무 당황스러웠다.

"여기 진짜 라오스 국경 맞아?"

"응 맞아. 저기 가서 여권 보여주고, 거기 가서 입국 도장 받아."

보이는 거라곤 차량 통행을 막기 위해 걸어 놓은 막대기와 작은 나무
구조물 두 채뿐. 심지어 라오스 쪽에서 오는 오토바이를 탄 아저씨는
빈약한 장애물을 피해 캄보디아로 질주한다. 우리가 흔히 알고 있는
국경의 긴장감이라곤 1%도 찾아볼 수 없는 평화로운(?) 이곳이
정말 국경이 맞나 의심이 갈 정도였다. 하지만 그곳은 진짜 라오스의
국경이었고, 나무 구조물에서 여권과 비자 요금을 내고 입국 도장을
발급받아 라오스 여행을 시작했다. 시작부터 예상과는 완전히 달랐다.

본능에 충실한
돈 뎃에서의 행복

여행지에서의 첫날이 밝았다. 꿈에 그리던 곳에 왔기에 무진장
행복한 아침이 될 거라 기대했는데 현실은 그렇지 못했다. 새벽녘부터
울어대는 라오스 시골 토종닭의 우렁찬 알람에 잠을 깨버려 쉬어도
쉰 게 아니었다. 애써 웃으며 문을 열고 나와 해먹에 누워본다.
사진만 보고 상상했던 돈 뎃의 평온함을 느껴보기 위함이다.
머리카락을 살짝 흔들 정도로 불어오는 자연 바람과 메콩 강의
잔잔한 물결 소리! 그리고 빠짐없이 들려오는 토종닭 알람 소리. 젠장.
라오스 토종닭은 낮에도 울어 재끼는 이상한 녀석이다. 침대에서

빠져나와 스마트폰을 꺼내 음악을 틀고 책을 챙겨 해먹에 눕는다.
영화 속 장면에서는 주인공이 일상에서 벗어나 책을 보며 많은 생각을
하거나 여유를 즐기곤 하는데, 막상 해보니 잠이 쏟아져 책을 읽을
수가 없었다. 수능 시험공부를 할 때도 하지 않았던 허벅지 꼬집기를
해봐도 결국 곯아떨어졌고 그대로 3시간은 잔 듯했다. 어기적거리며
일어나 무엇을 할까 고민하다 마을 어귀를 둘러보기로 했다.

　　"안녕. 어디서 왔어?"
　　"응, 안녕. 한국에서 왔어."

마을 상점에는 주전부리를 찾아 마실 나온 여행자들로 가득했다.
피부색과 외모 등 모든 것이 달랐지만, 공통적인 것이 하나 있었다.
머리가 심하게 엉켜 있다는 것. 녀석들도 나와 같이 로맨틱한 장면을
꿈꾸며 해먹에서 책을 읽다 잠들었나 보다. 아닐 수도 있겠지만,
괜히 동병상련을 느꼈다.

아쉬움과 행복이 뒤섞인 삶,
영국인 아저씨

늦은 저녁 돈 뎃 메인 거리 중간쯤에 위치한 작은 바에 여럿이 모였다.
약속을 정한 것도 아닌데 해가 질 무렵이면 술 한잔 생각나는 건
모두가 같은 모양이다. 하나둘 들어오는 이들에게 인사를 건네다
보니 어느 순간 가게는 여행자들로 가득했다.

"지난 30년을 회사에 집중하면서 살았어. 이제는 거기에서
벗어나고자 이곳에 왔는데, 지난 시간이 아쉽기도 하고
지금 순간이 행복하기도 하고. 마음이 복잡하네."

각자 국적과 자기를 소개하며 이야기를 나누고 있는데, 영국에서
왔다는 50대 아저씨의 사연이 의미심장했다. 젊은 시절을 아쉬워하며
회상하는 그의 표정엔 아직은 내가 이해할 수 없는 무언가가
존재했다. 집으로 돌아가도 마땅히 할 일이 없어 빈둥댈 초라한
일상을 대변하듯 뿌옇게 먼지 쌓인 커다란 안경과 한 달 정도는 손질
안 한 듯 덥수룩해진 수염이 얼굴을 덮고 있었다. 그의 눈과 웃는
표정에서는 무엇인지 알 수 없는 감정이 느껴졌다. 그날 밤 침대에
누운 나는, 언젠가 닥칠 내 50대를 생각하며 많은 생각을 했다.

나 역시 사회생활을 시작해야 할 나이였고, 언젠가는 영국인
아저씨처럼 멋쩍은 미소를 지으며 젊은 여행자들 사이에서 서 있는
날이 올 것 같아 조금 기분이 이상했다.

그때도 지금도 라오스는
내 안식처

돈 뎃에 머무는 동안 거의 모든 날들이 비슷했다. 닭이 울면 깨고,
배고프면 먹고, 잠이 오면 자고, 심심하면 산책하고. 매일 저녁마다
바에 모여 여행자들과 이런저런 이야기를 나누는 게 일상의
전부였다. 그렇게도 꿈에 그리던 여행지였지만 정말 딱히 기억에
남는 게 없다. 어찌 보면 한국에서의 생활과 크게 다를 것이 없었다.
한 가지 달라진 것이 있다면 매일 반복되는 일상이지만 그 안에서
나름의 소소한 행복과 즐거움, 그리고 편안함을 찾을 수 있는
노하우(?)가 생긴 것이다. 사회적 동물이 아닌 자연 속 본연의
동물이 된 나는 라오스에서 긴 하루를 보내며 자연을 감상하고
그 속의 나를 관찰하며 복잡했던 머리를 정리할 수 있었다.
무엇보다 인생의 버킷리스트 중 하나를 실행했다는 것만으로도
뿌듯했다. 길지 않은 시간이었지만 50대 영국인 아저씨의 이야기를

들으며 나의 50대에는 그보다 조금 더 평온한 미소를 지을 수 있는 사람이 되도록 하루하루 후회 없는 시간을 보내기로 약속했다.

30대가 된 지금, 특별할 건 없었지만 여전히 라오스 여행은 마음의 안식처로 자리 잡고 있다. 나는 오늘도 그 시간을 떠올리며 매일 반복되는 일상에서 나만의 행복과 즐거움을 찾으려 노력하고 오늘 하루도 멋지게 보내리라 다짐하고 있다.

⚠ 50대의 나는 어떤 표정을 짓고 있을까.

자신감

『예측불가한 곳에서 나를 단련시켜라』

여행과 인생의 공통점 중 하나. 낯선 길을 가다 보면 크고 작은
어려움과 예측할 수 없는 상황을 만나게 된다는 것이다. 재미있는 건
그냥 피하면 몸은 편하지만 헛헛한 후회가 남고, 부딪혀 문제를
하나씩 해결하다 보면 몸은 힘들지 모르지만 방법을 찾게 되면서
나도 모르게 자신감이 커진다는 것이다.

미성년자 딱지를 뗀 지가 엊그제 같은데 내일모레면 벌써 30대다.
20대 초반만 해도 서른 살이 되면 안정된 직장인으로, 한 가정의
가장으로 생활하고 있으리라 생각했지만 현실은 정반대였다.
결혼은커녕 치열한 경쟁 사회에서 스트레스는 쌓여 갔고 하루가
멀다 하게 터져 나오는 크고 작은 문제로 자신감마저 사라져 모든
것을 피하고 싶은 마음뿐이었다. 당시 유일한 즐거움이 있었다면
바로 여행이었다.

몇 년 전 자전거를 타고 티베트를 다녀온 이후, 매년 최소 한 번이라도
자전거 여행을 함께하기로 한 여행 파트너와 만나 지난 여정을
추억하고 앞으로의 여행을 계획하는 것이 삶의 유일한 낙이었다.

이름도 낯선 그곳,
타클라마칸

지도를 펴 놓고 어디를 갈까 고민에 빠졌다. 자전거로 갈 수 있어야 했고 무엇보다 비용이 적게 들어야 했다. 가장 적은 비용으로 갈 수 있는 나라는 중국과 일본, 여기에 저비용 항공사의 출현으로 가격대가 낮아진 동남아 몇 곳이 거론되었다.

넓고 넓은 중국 지역에서 유독 눈에 띄는 곳이 있었다. 중국 서쪽에 거대하게 자리 잡은 사막 타클라마칸이었다. 지도에는 사막 중간에 도로로 보이는 길이 표시되어 있었고, 몇 년 전에는 사막이 걸쳐 있는 신장웨이우얼 자치구 지역을 적은 비용으로 여행을 한 적이 있는 터라 이번 여행지로는 최적이라 생각했다. 온라인으로 정보를 찾고 인근 지역을 다녀온 여행자를 통해 자전거 여행이 충분히 가능하다는 것을 확인하곤 이름도 낯선 타클라마칸 사막으로의 여정을 시작했다.

낯선 사막 여정을 함께할 동행은 총 4명. 대학교 졸업을 앞둔 20대 경민이와 30년간의 군 생활을 마치고 새로운 인생을 시작하려는 50대 행차 님, 이 여행을 처음부터 함께 계획하고 준비했던 40대 코나 님 그리고 나. 나이도, 살아온 길도, 앞으로의 삶도 다른 4명이 한 팀을 이루었다는 것만으로도 흥미 그 자체였다.

영화를 찍는지
다큐를 찍는지 모를
사막 여정

사막 근처 도시인 우루무치까지 연결하는 전세기가 운행 중이지만
가격이 비싸고 표를 구하기가 어려워 중국 상해로 입국해 40시간의
기차 여정을 거쳐 우루무치에 도착했다. 이곳에서 하루 머물면서
필요한 식재료도 구매하고 막바지 사막 자전거 여행을 준비하려
했는데 불안한 소식이 전해왔다.

> "어제 우루무치 지역에 독립 시위로 테러가 있었어요.
> 조심하세요."

이번 여행을 도와준 한인 민박 주인 부부가 소식을 전했다. 사실
출발 며칠 전에도 뉴스를 통해 소식을 접했지만, 중국에는 많은
소수 민족이 있고 독립 시위도 빈번하게 일어나니 큰 문제는
아니라고 생각했다. 그런데 이번 사태는 조금 심각한가 보다.
다음날 우루무치를 출발해 카슈가르를 거쳐 타클라마칸 사막까지
가는 동안 크고 작은 사건 사고가 이어졌다. 기차에 탑승할 때는
치안이 불안하다는 이유로 돌아가라는 회유를 받기도 했고, 특정

마을에서는 24시간 경찰의 감시를 받아야 했다. 더 아찔한 상황은
호탄이라는 도시에서는 우리가 떠난 직후 폭탄 테러로 약 10여 명이
사망했다는 것이다. 이야기로 들으면 영화 같은 일이지만 현실은
다큐였다. 우여곡절 끝에 이번 자전거 여행의 출발지 뤄창이라는
마을에 도착했다. 타클라마칸 사막 중간에는 남북을 연결하는 218번
사막 공로가 만들어져 있는데, 뤄창은 남부 입구에 위치한 작은 현이다.
우리는 이곳에서 사막에서 필요한 물건들을 사야 했다. 이후부터는
모래와 하늘, 바람 외에는 아무것도 없는 사막뿐이었으므로.
사막을 관통하는 218번 국도의 거리는 약 445km. 국내라면
자전거로 3일 정도면 충분한 거리지만, 이곳은 사막이고 무엇보다
여름임을 감안해 1인당 7일치 물 15ℓ와 음식을 샀다.

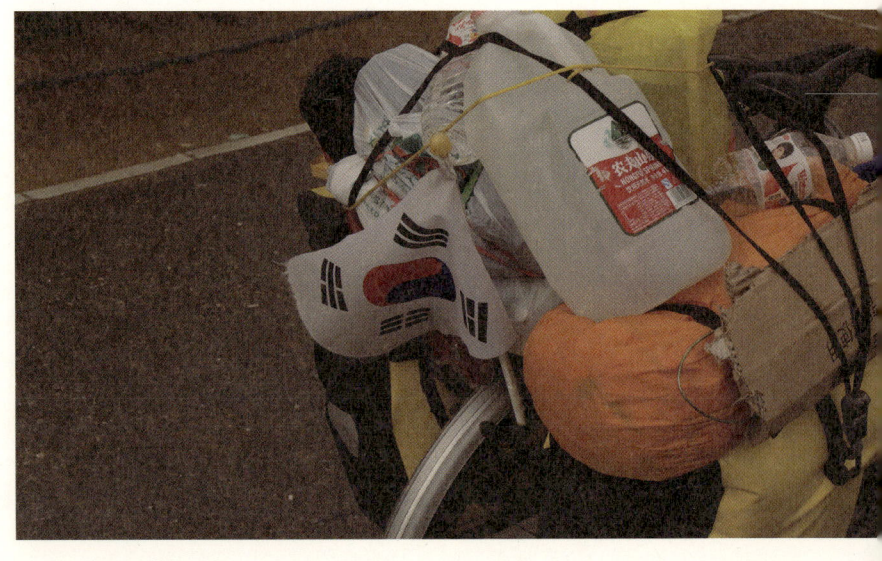

모래바람을 뚫고 차려낸
최고의 만찬,
봉지 도시락

"상용이형. 사막은 어떨까요? 사막 여우도 볼 수 있을까요?"
"글쎄. 아직 가보지 못했으니 잘 모르겠지만 확실한 건
스펙터클할 거란 것이지."

사막 여행의 첫날. 예상치 못한 상황이 시작되었다. 흔히 사막에는
비가 안 온다고 알고 있겠지만 우린 첫날부터 강력한 모래바람을
동반한 폭우를 만났다. 한낮의 기온이 50℃를 훌쩍 넘는 더위를
식혀줄 비는 환영이었지만, 모래를 동반한 강한 비바람은 눈을
뜨기도 어려울 지경이었다. 상황을 더 악화시킨 건 평소 운동이라고는
숨쉬기만 해 온 나의 저질 체력이었다. 화장실이 없어서 대소변이
불편할 것이라 예상하고 마지막 마을에서 먹은 것을 다 비워서 텅
빈 뱃속은 요동치고, 결국 계획했던 거리만큼 가는 것은 포기하고
모래바람을 피할 수 있는 곳을 찾아 야영을 해야 했다.
한국에서 가져온 1인용 텐트를 각자 하나씩 치고 자전거는 모래가
들어가지 않도록 방수포로 단단히 묶고 식사 준비부터 했다. 코펠에
쌀을 씻을 땐 물을 아껴 쓰기 위해 쌀뜨물도 빈 페트병에 모아 놓았다.

코나 님은 기러기 아빠 생활 15년 동안 익힌 밥 짓기 실력을 발휘해

이 열악한 상황에서도 찰진 밥을 완성하여 격렬한 찬사를 받았다.

편안하게 잘 텐트와 맛있는 밥까지 차려 놓으니 상상 이상으로

근사한 사막의 첫 야영이 되어가는 듯했다.

그렇게 생각한 대로 이 하루가 마무리되었다면 좋았겠지만,

낯선 사막은 우리의 작은 소망마저 갈기갈기 찢어버렸다. 밥 지을

때만 해도 고요했던 하늘엔 금세 무서울 정도로 모래바람이

몰아쳤다. 밥은커녕 각자 텐트에서 나올 엄두도 나지 않았다.

플래시가 없으면 아무것도 보이지 않는 어둠 속에서 모든 자취를

지우려는 듯 더 강력하게 몰아치는 사막의 울부짖음에 적지 않은

공포와 두려움을 느꼈다.

"꼬르륵."

아, 이런 상황에서도 배가 고프다니! 본능에 충실한 내 모습에

웃음이 터져 나왔다. 현실을 직시해보니 당장 배고픔도 해결해야

했고 무엇보다 내일을 위한 대책이 필요했다. 이러고 있을 때가

아니었다. 우선 텐트 밖으로 나가기 위해 배낭을 뒤져 방수로 된

옷을 꺼내 입고 수건을 이용해 막을 수 있는 모든 곳을 막았다.

그리고 경민이와 행차 님께 필요한 식재료를 준비해달라고 부탁했다.

그다음은 미리 생각해둔 작전대로 움직였다. 텐트를 빠져나와 가장 끝에 있는 행차 님 텐트로 가서 1회용 지퍼 팩과 요깃거리를 받고, 그다음 경민이 텐트에 들러 밥과 고추장을 받았다. 다시 돌아온 텐트 안은 모래로 가득했지만 그래도 내 손에는 밥이 든 코펠과 고추장 그리고 소시지와 육포가 쥐어져 있었다.

이젠 주먹밥 제조 단계다. 지퍼 팩 4개에 밥과 소시지, 육포를 4등분해서 담았다. 마지막으로 고추장도 두 스푼 넣어 봉지 도시락을 완성했다. 내가 섞어서 주먹밥으로 만들어줄까 생각했지만 각자 취향을 고려해서 이대로 전달하기로 하고, 텐트마다 들러 도시락을 전해줬다. 또 한 차례 모래 폭풍 속을 기어서 각 텐트를 방문해야 했지만, 그 결과는 찬란했다. 생각지도 못한 봉지 도시락에 모두 기뻐했고 나 역시 미칠 듯이 행복했다. 행여나 모래가 들어갈까 조심조심 먹었던 주먹밥. 지금 생각해도 잊지 못할 맛을 선사해준 주먹밥이었다.

밤이 되면 하늘을 가득 메운
수많은 별을 볼 수 있었다.
사막 여행 중 가장 마음에 남는
시간으로 기억된다.

우리에게 이름도 낯선 타클라마칸 사막 여정은 말 그대로
스펙터클했다. 전체 구간에는 4km마다 하나씩 108개의 언덕이
있었고 이 언덕을 자전거로 오르내리는 여정은 쉽지 않았다.
미친 듯이 더운 날씨 속에서 뜨거운 라면으로 끼니를 때우다 하루에
배정된 물 2ℓ를 5분 만에 해치우기도 했다. 계속되는 무더위에 지쳐
쓰러질 때쯤, 수박을 운송하는 트럭을 만났을 땐 오아시스를 만난 듯
황홀했다. 그날 우린 생애 가장 달콤한 수박을 맛봤다.
가만히 쳐다보면 금방이라도 내 손에 별들이 쏟아져 내릴 것 같은
사막의 밤. 모닥불을 피워 놓고 스팀 커피를 마시며 실컷 별빛을
감상하는 호사도 누려보고, 미지근하지만 소중한 맥주를 나눠
마시며 지난 시간을 회상하고 앞날을 그려보기도 했다. 어느 날은
50℃가 넘는 더위에 지쳐 낮에 이동하길 포기하고 해가 진 다음에야
자전거를 탄 적도 있었다. 도시에서는 흔하디 흔한 불빛 하나 없는
칠흑 같은 사막 길에서 오로지 달빛과 자전거 라이트에 의존해
달렸던 한밤의 라이딩은 힘들고 무서웠다. 그럼에도, 달빛이 반원의
모래 언덕 위를 비추고 둥근 자전거 바퀴가 끊임없이 굴러가는
풍경은 한 폭의 그림처럼 내 기억과 마음에 생생하게 새겨져 있다.

"형. 나 이제 뭐든 할 수 있을 것 같아요."

사막 여행이 끝날 무렵, 경민이가 말했다. 사막을 지나며 겪었던
많은 어려움은 이전에 한 번도 경험하지 못한 새로운 것이었다.
그리고 우린 그곳에서 답을 꼭 찾아내야만 사막을 벗어날 수 있었다.
절박함은 한계를 넘어설 수 있는 지혜를 끌어냈고, 그 지혜를 따라
결국에는 목적지에 무사히 도착했다. 해냈다는 성취감은 자신감이
되어 모두의 얼굴에서 빛나고 있었다.

나 역시 타클라마칸 여행 이후 많은 것이 달라졌다. 매일매일
달라지는 새로운 환경이 눈앞에 닥쳐도 두려움보다는 문제를
해결할 수 있다는 자신감이 먼저 튀어나왔다. 충만해진 자신감은
지친 나의 삶에 활력소를 불어넣었고, 황폐했던 정신도 자연스레
치유되었다. 입학과 졸업, 취업과 결혼. 흔히 20대와 30대는 인생에서
가장 많은 변화가 일어나는 시기라 이야기한다. 변화가 많은 만큼
고민도 많아지고, 선택할 순간들도 많아진다. 때론 결정에 대해
실망하거나 도전에 실패하기도 하지만, 이마저도 겪어내지 않으면
아무런 변화도 생겨나지 않는다. 새로운 출발선에 섰을 때 주저앉고
싶거나 헤쳐 나갈 힘이 필요하다면 낯선 여행지로 떠나 보자. 우리의
삶처럼 그 여행길은 두렵고 어렵겠지만, 잃었던 자신감을 재충전할
수 있는 소중한 기회가 될 것이다.

JAPAN

이별

『슬픔과 이별하는 아름다운 여행』

"상용아. 나 어떡해? 엄마가···."

"왜? 무슨 일이야?"

어머님이 잘못되셨다. 나에겐 낳아주신 어머니 말고도 또 한 분의

어머님이 계신다. 아내를 있게 한, 그리고 날 있게 한 분. 군대를

전역하고 세계 여행을 하던 중 지금의 아내를 만났다. 아내는

일본에서 어머니와 함께 지내며 어학연수를 하고 있었고, 잠시

여행차 들렀던 나는 한국으로 곧 돌아와야 했다. 대부분 장거리

연애가 그렇듯, 그리움을 참지 못한 나는 여자 친구를 보러 곧 다시

일본으로 갔다. 그녀의 어머니이자 내 두 번째 어머니와의 인연은

이렇게 시작됐다.

요리를 좋아하고 무엇이든 나누고 베풀기를 좋아하셨던 어머님.

잠시 틈을 내 아내와 도쿄로 여행을 간다는 말에 이른 새벽부터

일어나 손수 만드신 약밥과 도시락을 챙겨주실 정도로 우리를

챙겨주셨다. 비자 문제로 한국으로 돌아오기 전까지 어머님은

나에게 친어머니 그 이상이었다. 몇 년 후 한국으로 돌아온 어머님은

당시 나와 아내가 살던 집으로 들어와 함께 살게 되었다. 염치없고

미안하다며 고개를 떨구셨지만 나에게 어머니는 그런 미안함을 전혀
가질 필요가 없는 고마운 분이셨다. 당시 아내와 난 모두 번듯한
직장도 없이 생활고에 시달렸지만 셋이 함께한다는 사실만으로
우리는 행복했다.
한국으로 오신 어머님은 사회 초년생으로 방황하고 있는 우리를
대신해 학교 급식소, 식당 등에서 아르바이트를 하며 생활을 꾸려
나가셨다. 음식 솜씨도 좋고 성품이 좋으셔서 어머니를 찾는
사람들이 많았다. 다행이었다. 게다가 힘든 생활 속에서도 우리와
함께할 수 있어서 고맙다며 항상 웃으셨다. 멀리 이국에서 근 10년을
보낸 터라 한국 생활에 적응하기 어려우셨을 텐데 아르바이트로
인연을 맺은 분들과도 꾸준히 만나며 한국 전통 음식 만드는 것을
배우셨다. 그것이 연이 되어 국내 모 재단에서 운영하는 전통 행사
보조원으로 채용이 되어 새로운 출발을 시작하셨다.

　　"오늘은 육포 만드는 걸 배웠어.

　　　고기에서 피를 빼야 하는데 생각보다 힘들더라."

　　"우와~ 신기하다. 그럼 언제쯤 먹어 볼 수 있는 거야?"

어머님은 새로운 것을 배우기에 만만치 않은 50대의 나이에도
요리를 좋아하셨기에 특별히 힘들어하시는 모습은 찾아볼 수

없었다. 매일 저녁 퇴근하면서 가져온 전통 음식을 보여주며 조리

과정을 설명해주시는 어머님의 얼굴엔 즐거움이 가득했고 들고

다니던 메모장에는 기록이 가득했다.

그렇게 즐겁게 사시던 어머님이 갑자기 쓰러져 병원으로 이송

중이라는 소식을 들었다. 가슴이 철렁 내려 앉는다는 말이 뭔지

그때 정확하게 알았다. 충격으로 온몸이 떨렸다. 서둘러 짐을 챙겨

병원으로 가는 버스에 올랐다. 내 심장은 터질 듯 뛰고 있었고

전화기 너머로는 아내의 울음소리만 들렸다.

"상용아, 나 어떡해?"

"괜찮아. 괜찮을 거야."

내가 할 수 있는 말은 이것밖에 없었다.

상실의 아픔을 치유하는 법,

추억과 마주하기

우리의 행복은 갑작스런 이별 앞에 깨져버렸고 난 생애 처음, 아주 긴

아픔과 마주하게 됐다. 3일간의 짧고도 긴 시간을 병원에서 보내고

집으로 돌아와 우리는 한동안 멍한 시간을 보냈다. 당장이라도
어머님이 문을 열고 들어오셔서 늘 그랬듯 맛있는 저녁을 차려주실
것만 같았다. 어머님이 안 계시는 하루하루는 너무나 길고 괴로워
하루에도 수십 번 눈물을 쏟으며 아픔의 시간을 보냈다.
철이 들면서부터 부모님께 '있을 때 잘해'라는 말을 자주 들었다.
어머님과는 오랜 시간을 함께했는데 막상 돌이켜보니 죄송한
일들만 떠올랐다. 좋아하시는 음식 한 번 사드리지 못했다는 사실이
안타까웠고 시장에 같이 가자는 말도 어렵게 꺼내던 어머님 모습이
떠올라 마음이 아팠다. '시간을 되돌릴 수 있다면'이라는 말이 헛된
것이라는 걸 잘 알면서도 지금도 종종 과거로 돌아가는 상상을
해본다. 더 잘해드리지 못한 후회는 왜 언제나 지나간 후에야
찾아오는지 한탄스러울 뿐이다.

　　　"너희들 괜찮니? 보고 싶다. 일본에 한번 오렴."

아내와 어머님이 살던 일본 집에는 아내의 이모님도 계셨다.
이모님이야말로 어머님의 부고 소식에 우리만큼, 아니 그보다 더
힘들고 마음 아파하셨을 것이다. 꽃다운 20대의 나이에 생활고에서
벗어나고자 일본으로 떠나셨던 이모님은 10년을 어머님과 함께
하셨기에 그 상실의 아픔도 상상할 수 없을 것이었다. 우리처럼 가슴

아픈 시간을 이겨내려 노력하던 이모님은 무슨 생각이신지 불쑥
우리에게 이별 여행을 가자고 하셨다. 이렇게 해서 이모님과 우리
둘은 슬픔과 이별하는 여행을 떠나게 됐다. 어머님과 함께 생활했던
곳에서부터 목적지인 시라하마까지 짧지만 가장 특별한 여행을.

시 라 하 마 에 서   만 난

행 복   아 저 씨

시라하마는 오사카에서 1시간 거리에 있는 도시로 온천과
해수욕으로 유명하다. 이모님 말씀에 의하면 오사카에서는 볼 수
없는 아름다운 해변과 태평양을 마주할 수 있는 조용한 곳이라
특별히 이곳으로 여행지를 결정하셨다고 했다. 오사카 텐노지 역에서
출발하는 쿠로시오 열차에 올랐다. 목적지 시라하마까지 걸리는
시간은 2시간. 열차를 타기 전에 산 도시락을 나누어 먹으며 우리는
자연스럽게 어머니와 함께했던 지난 추억을 이야기했다.

"언니가 해준 감자탕 진짜 맛있는데."

"맞아요. 닭발하고 불고기도 진짜 짱이죠."

"맞아. 언니랑 같이 살 땐 먹을 건 걱정 없었지."

"그러니까요. 왜 그리 그렇게 급하게 가셨는지…."

적막을 깨고 나눈 이야기는 그리 길게 가지 않았다. 각자 어머님과의
추억을 회상하는 듯 창밖을 응시하고 있었고, 풍경은 빠르게 스쳐
지나고 있었다. 고작 한 사람의 빈자리이지만 우리가 감당하기엔
너무 큰 공백이었다. 시라하마로 가는 내내 나의 가슴엔 눈물이
흐르고 있었다. 시라하마는 바다 바로 옆으로 리조트가 즐비하고
구석구석 명소가 가득한 휴양지였다. 한 가지 아쉬운 점은
교통편인데, 그렇게나 관광객이 많이 찾아오는 곳인데도 대부분
자가 차량을 이용하거나 여행사 패키지를 이용해 오기 때문에
대중교통 상황은 좋지 않다. 우리처럼 자유 여행자에게는 아쉬운
부분이었다. 그래서 반나절 동안 차량과 가이드를 제공하는 택시
투어를 이용하기로 했다. 비용은 1만 엔으로 다소 비쌌지만 다른
대안이 없었기에 선택한 방법이었다.

"어서 오세요. 세상에서 가장 아름다운 시라하마입니다."

검은 뿔테 안경을 쓰고 머리카락이 희끗한 운전기사 아저씨의
첫 인상은 매우 좋았다. 이곳에 처음 온 사람들에게 고향을 소개할
수 있다는 생각에 행복한 듯 얼굴엔 미소가 가득했다. 우리에게

안전띠는 생명줄이라며 꼼꼼히 확인하는가 하면, 방문지에 가는
길에는 차를 몇 번이나 세워 시라하마의 비경을 소개하기도 했다.
바다 바로 옆 노천탕을 소개할 때는 남자 전용 노천탕이니 남자는
훔쳐보지 말고 여자들만 보라며 유쾌한 농담도 던졌다.
아저씨 이야기에 따르면 시라하마는 세상 어느 곳보다 아름다운
곳이지만 아픈 상처를 가지고 있는 곳이라고 했다. 그 이유는
시라하마의 명소이자 이곳이 유명해지게 된 '삼단벽'이라는 곳 때문.
아름다운 해안 절경을 볼 수 있는 곳임에도 자살의 명소라 불릴
정도로 많은 이들이 이곳에서 목숨을 끊었다고 한다. 택시를 타고
30여 분을 달려 도착한 삼단벽에는 그림 같은 해안 풍경이 펼쳐져
있었다. 그리고 절벽 한쪽에 자살을 방지하기 위한 표지판이 여러 개
세워져 있었다. 갑작스럽게 돌아가신 어머님과의 이별도 이렇게
힘든데 이곳에서 스스로 생을 마감한 이들의 가족들은 마음이
얼마나 아플까 하는 생각이 들었다.

"저희 어머님이 갑자기 돌아가셨어요. 그래서 이곳에 왔답니다."
"그런 사연이 있구나. 이곳에서 무거운 짐을 내려놓고 가길 바랄게."

함께한 시간은 짧았지만 아저씨의 유쾌함은 우리의 어둠을 밝히는 데
충분했다. 아저씨를 통해 전해진 행복 바이러스 덕에 괴로움을 잠시

내려놓고 온천욕도 즐기고 가이세키 요리를 맛보며 평온한 시간을
가질 수 있었다. 그렇게 시라하마에서의 이별 여행은 흘러갔다.

엄마 고마워, 정말 안녕!

1박 2일이라는 짧은 시간이었지만 시라하마에서 보낸 시간은
지금도 생생하다. 넓게 펼쳐진 바다를 배경으로 어머님의 사진을
놓고 생전에 함께하지 못했던 가족사진도 찍었다. 그곳에서
어머님을 떠올리며 부족하고 죄송했던 그리고 부끄러워 하지
못했던 많은 이야기들을 전했다. 가슴 한쪽에 담아 놓았던 그리움과
죄송스러움이 하늘에 닿기를 간절히 기도할 뿐이었다.
어머님이 돌아가신 지 벌써 5년이 지난 지금도 생각해보면 가슴이
아리고 그리움이 가득하지만 시라하마에서의 시간이 있었기에
우리 가족은 모두 조금 더 강해지고 애틋해질 수 있었다. 어머님을
통해 알게 된 가족의 소중함을 이제 가장으로서 가족들에게
더 베푸는 것만이 어머님의 감사에 보답하는 유일한 효도일 것이다.
세 아이의 아빠이자 한 가정의 가장이 된 지금도 그 때의 이별 여행을
떠올리며 어머니가 내게 베푸셨던 그 사랑을 가족에게 전하려 한다.

휴식

『고즈넉한 낭만 속에서 여유를 되찾은 시간』

열정만을 강요받았던
나의 20대

20대의 나에게 가장 기억에 남는 키워드를 뽑자면 '열정'이라 말하고
싶다. 소설과 에세이가 가득했던 서점과 대학가에는 자기계발서,
성공 에세이가 넘쳐났고 '열정이 없으면 인생의 의미가 없다'는
식의 강연이 주를 이루었다. 무슨 이유에서인지 정부를 비롯하여
대학가에서는 '열정'이라는 키워드를 부각시켰고, 그로 인해 가끔은
우리가 그렇게나 열정적이지 못한가 하는 생각까지도 들 정도였다.
이렇게 정신없이 격동의 20대를 보내고 나니 어느새 서른이 되었다.
다사다난한 시간을 보내면서 내가 하고 싶은 일을 하겠다는 당찬
포부를 갖고 창업을 시작했고 20대를 지나 30대 초반까지 앞만
보고 열정적으로 달려온 시기로 기억한다.

고단했던 스스로에게
위로가 된 선물

추운 겨울이 지나고 하나둘 새싹이 피어나는 32번째 봄에 한 통의
이메일을 받았다. 체코 관광청에서 팸투어(패밀리 투어의 준말)를

기획했는데, 여행 블로그를 운영하는 내게 참여해 달라는

메일이었다. 평소 같으면 별 고민 없이 오케이를 외쳤겠지만 얼마 전

결혼이라는 거사(?)를 치렀고, 무엇보다 창업자라는 신분이었기에

선뜻 결정할 수 없었다. 물론 바쁘게 지낸 시간만큼 수익은 증가했고

무엇보다 뭘 할까, 어떻게 살까, 고민만 하며 제자리걸음 했던

20대와는 확연히 달라졌기에 후회는 없었다. 하지만 나를 위한

시간은 줄어들었고 언제 여행을 다녀왔는지 기억조차 나지 않는

상황에 이르렀다.

"그동안 좋아하는 여행 못해서 많이 속상했잖아."

"그건 그래. 하지만 할 일이 태산인데….."

"아무리 바빠도 노력한 당신을 위한 특별 휴가다,

그렇게 생각해요."

입버릇처럼 여행을 갈망했던 내가 관광청에서 온 메일을 몇 번이나

보며 고민하는 모습이 안타까운지 지켜보던 아내가 먼저 이야기를

꺼냈다. 그 말에 힘입어 떠나기로 결정했다. 지금 당장 해야 할 일은

산더미처럼 쌓여 있지만, 이번 기회는 지친 나에게 달콤한 휴식을 준

하늘의 뜻이라 여겼다. 물론 떠나기 위한 합리화일수도 있지만.

몸은 비행기에,
마음은 일터에 두고 향하는 체코

인천국제공항에서 도착지인 체코 프라하까지는 약 11시간을
비행한다. 평소 장거리 비행을 좋아하지 않는 나로서는 달갑지
않았지만 끊임없이 전화기가 울리는 대한민국을 떠나 휴가다운
시간을 보내기 위해서는 반드시 이겨내야 할 과정이었다. 좁은 기내
좌석에 앉아 멍하니 창밖을 응시했다. 손을 흔들어주는 사람들, 높이
날아오른 창밖으로 구름이 그려 놓은 그림, 그리고 저 아래 빼곡하게
들어선 아파트 사이로 길게 늘어선 자동차들이 눈에 들어왔다. 잠을
청하려 눈을 붙이고 의자 한쪽에 몸을 기댔지만 잠은 오지 않았다.
그 어느 때보다 바쁘게 지냈던 지난 시간이 떠올랐고 현실에서
벗어나 체코로 가고 있다는 사실이 꿈은 아닐까 하는 생각이 들었다.

고요한 프라하에 감도는
서글픈 아름다움

새벽녘에 도착한 프라하의 첫 느낌은 잔잔했다. 짙은 회색빛이
감도는 건물들 사이로 새벽 구름을 헤치고 나온 붉은 햇살이
자리를 잡고 있었다. 우리와 동시간대에 공항에 도착한 사람들만
조용히 오갈 뿐 귓가엔 바람소리만 들렸다. 체코의 첫 인상은 일출이
시작되기 전 조금씩 붉게 타오르는 고요한 바다 같았고 내 마음은
잔잔히 모래 위로 흘러온 파도 같았다.

체코의 수도 프라하는 신혼부부, 사랑하는 연인과 함께 방문하면
좋은 로맨틱한 도시로 알려져 있지만, 사실 암울한 역사와 아픈
과거를 가지고 있다. 한때 동유럽 사회주의 국가 중 최고의 생활
수준을 자랑할 만큼 앞선 나라였음에도 독일 나치의 점령과
사회주의 혁명이 일어나면서 상황이 바뀌었다. 특히 1968년 1월에
일어난 체코 민주화 운동 '프라하의 봄'은 당시 소련과 바르샤바
조약군의 제재로 많은 이들이 희생당하고 짓밟힌 사건으로
기록되었다. 가벼운 상처쯤이야 시간이 약이 될 수 있지만 깊게 베인
상처는 그 흉터가 오래도록 지워지지 않는다. 아름다운 도시라
불리는 명성과는 달리 쓸쓸함이 느껴진 프라하. 콕 집어 뭐라 얘기할
수는 없지만 막연한 동질감에 마음이 더 쓰였다.

오상용 » 시간 » 체코

중세와 21세기가
공존하는 천 년의 도시 프라하

프라하 시내는 공항에서 내렸을 때의 첫 느낌과는 달리 매우
화려했다. 중세 유럽의 모습을 그대로 간직한 도시인만큼 찬란했던
과거가 고스란히 유지되고 있었다. 르네상스 건축 양식에서부터
시작해 바로크, 아르누보까지 11~18세기에 걸쳐 지어진 수많은
건축물들은 화려했던 체코의 옛 모습을 고스란히 보여주고 있었다.
특히 블타바강 위를 가로지르는 까를교에서 바라보는 프라하성은
동화에나 나올 듯 아름다운 모습이었다.

까를교를 지나 프라하성으로 향했다. 성벽 외곽에는 '황금소로'라
불리는 좁은 골목이 있고 2평 남짓한 집들이 빼곡하게 늘어서 있다.
그중 22호가 프라하성을 모티브로 한 소설 『성』의 저자인 소설가
프란츠 카프카가 머물렀던 곳이라 한다. 지금은 기념품 상점으로
변해 큰 감흥은 없었지만, 20대에 카프카의 소설을 감명 깊게
읽었던 터라 나름 의미 있는 방문지였다.

그날 오후에는 카페에 앉아 스피커에서 흘러나오는 피아노 연주곡을
들었다. 두툼하고 묵직한 찻잔이 테이블에 놓일 때마다 '툭'하고
들리는 소음조차도 곡의 일부처럼 들리듯 모든 것이 평온했다. 마치
숨 가쁘게 마라톤 42.195km를 뛰고 골인 지점을 지나 바닥에 누운 채

허공의 하늘을 바라보며 시원한 바람을 맞고 있는 마라토너가 된
기분이었다. 조여오던 나의 심장은 차분한 피아노 연주곡에 맞춰
평온을 만끽하고 있었다. 프라하 시내 골목 안쪽에 위치한 작은
카페에 앉아서 창업과 동시에 잊고 지냈던 내 마음속의 평온함을
되찾는 기분이었다.

가 장 바 쁠 때 쉬 는 휴 식 이
진 짜 휴 식

체코 여행 기간 동안 가장 기억에 남는 곳을 뽑자면
프라하에서 남쪽으로 자동차로 약 2시간 거리에 있는 소도시
체스키크롬로프라고 하겠다. 체코어로 '체코의 오솔길'이라는 뜻을
가진 작은 시골 마을로, 마을 전체가 세계문화유산으로 지정돼
있다. 그만큼 이 마을의 모든 것들은 옛 정취를 듬뿍 담고 있었고,
먼 타국에서 온 여행자들에게는 이국의 낭만과 강렬한 추억을
남기기에 적당했다. 이 마을이 풍기는 옛 정취, 평화로움, 알 수 없는
위로 등이 나를 사로잡았다. 그 느낌이 얼마나 좋았는지 짧게 머무는
시간 내내 마을 거리를 거닐며 스스로에게 계속 질문을 던졌다.
'인생은 마라톤처럼 정해진 결승선도 없고, 시한폭탄처럼 정해진

기한도 없다. 그런데 나는 왜 시간의 노예로 살고 있을까?'

철학자들이 사색하며 인류사에 중대한 답을 얻었듯, 나 또한
심각하고 진지하게, 그러나 여유를 만끽하면서 아주 오랜만에 사색에
빠질 수 있었다. 여행만이 줄 수 있는 소중한 시간들이었다. 지금
돌이켜보면 길지도 짧지도 않았던 체코 여행은 잊고 지내던
내 안의 많은 감정을 깨우고 정신적 휴식을 주었던 진정한 '쉼'이었다.

오상용 » 시간 » 체코

keyword

한계

writer

이동진

limi
tat
ions
limi
tat
ions
limi
tat
ions

사람이 신체적 한계를 어디까지 견딜 수 있는지를 시험이라도
하는 듯 여행하는 젊은 여행가 이동진.
몸뿐 아니라 정신도 어디까지 그 무엇을 견뎌낼 수 있는지를
증명이라도 하듯 그는 여행한다. 마라톤, 자전거, 말을 타고
대륙을 누빈다. 언뜻, 보통 사람이라면 상상하기 어려운 여행을
쉽게 다녀오는 듯하지만 그는 냉혈한처럼 차갑고 단단하지만은
않다. 단단함 뒤에 펄펄 끓는 열정과 낯선 이들의 손길에 감동할
줄 아는 감수성을 지닌 청춘. 불가능이라는 것에 도전하고 한계를
극복하는 것이 지금 이 시간을 가장 청춘답게 보내는 방법이라고
여기는 여행법이 여기 있다.

어디까지 해 봤니?
사막에 나무 심기

젊으니까, 혹은 젊어서만 할 수 있는 일들은 너무나 많다는 얘기는
어른들에게 숱하게 들어온 격언이다. 하지만 지금 이 시대에
20대들이 경험할 수 있는 일들은 과연 얼마나 많을까? 만 18세가
넘으면 사회인으로, 혹은 대학생으로 각자의 길을 가지만 그
안에서 경험할 수 있는 일들은 제한적이다. 난 스스로 좁은 시야를
벗어나려는 훈련을 하고자 했다. 그래야 사회에서 더 의미 있는
사람으로 살게 될 것이라고 생각했다. 그중 하나가 사막에서 나무
심기였다. 지구를 살리고 보존하는 일에 아주 작은 손길이라도
보태고 싶었다.

#황사
#사막에 나무 심기
#물은 어디서
#사막에도 생명이
#지구 살리기

이동진 » 한계 » 중국

'좋아서 하는 봉사'에
눈을 뜨다

학창 시절 의무적으로 하는 봉사활동이 아닌, 진정한 봉사
개념을 갖고 참여한 활동은 비영리 환경 단체 '미래숲'을
통해서였다.
우리는 황사의 근원지인 중국 쿠부치 사막으로 식목 활동을
하러 떠났다. 이때까지만 해도 한국을 떠나는 비행기에서
이런 생각이 들었다.
'한국에서도 봉사할 것이 얼마나 많은데 굳이 중국까지
가서 해야 하는 것일까.'

아마 내가 환경에 대해 무지한 사람이었던 것도 이런 의문을
제기한 것에 한몫을 했을 것이다. 일차적으로 환경에 별 관심이
없었고, 그 다음으로 환경이 사회에 얼마나 영향을 끼치는지 알지
못했다. 좋은 환경은 자동으로 주어지는 것인 줄로만 착각하고
살았다. 환경 보호를 외치는 이는 어떤 특별한 개인적인 경험
때문에 사명을 갖고 하는 것이라 여겼다. 어려운 사람을 도와주는
봉사는 충분히 이해가 되었지만, 굳이 나무 한 그루 더 심어서
어느 세월에 환경을 변화시킨다는 것인지 이해하기 어려웠다.
하지만 중국에서의 4박 5일은 내 생각을 완전히 바꾸었다.

황사의 근원지,
쿠부치 사막

태어나서 처음으로 사막에 발을 디뎠다. 내가 상상하던
사막은 아름다운 황금빛 모래가 휘날리면서 사구가
끊임없이 펼쳐져 매일매일 이동하며 부드러운 향기를
몰고 다니는 그런 곳이었다. 그러나 현실의 사막은 내가
상상하던 것과는 아주 많이 달랐다. 실제는 황폐하고
생명력이 전혀 느껴지지 않는 메마르고 버려진 땅이었다.
아무 희망이 없음을 눈으로 볼 수 있었다. 빨리 이곳을
벗어나고 싶다는 생각마저 들었으니 말이다. 그런데
관계자의 설명을 듣고 1950년대까지만 해도 이 쿠부치
사막이 거대한 숲이었다는 사실을 알게 되었다. 불과 몇십
년 사이에 이렇게 황폐한 사막으로 변한 것이었다. 어쩌다
이 지경에 이르렀을까.

사막의 모래가 바람에 날려 내 온몸을 덮었다.
쿠부치 사막은 황폐했다.
내가 심은 나무 한 그루가 사막을 변화시킬 수 있을까?

사막의 모래알처럼 작아도,
이 숲은 희망이다

조별 구역을 나누고 조 안에서도 짝을 정해 삼삼오오
나누어 땅을 파고 나무를 심기 시작했다. 부드러운 사막의
모래는 파내도 파내도 다시 밀려들어오고 메워졌다.
세상에서 사막의 모래를 파내는 것만큼 힘든 작업이 또
있을까 싶을 정도로 고됐다. 식을 새도 없이 줄줄 흐르는
땀을 닦아가며, 나뭇가지 하나 나지 않아서 몽둥이 같은
묘목들을 파놓은 모래 속에 심고 덮었다. 몇 시간이
흘렀을까. 오와 열을 맞춰 심어진 나보다 더 큰 나무
기둥들이 병풍처럼 사막을 지키고 있는 듯했다.

'저 나무들에 튼튼한 뿌리가
내릴 것이고 가지가 나며,
또 초록색 잎들이 만개를 하겠지.'

이동진 » 한계 » 중국

그런 날을 기약하며 두 손 모아 기도했다. 사막을 찾아
희망을 심는 봉사 단체 미래숲의 다음 기수들, 그리고
더 많은 단체들이 이런 역할을 계속 할 것이라는 기대를
가졌다.

나무를 심고 주변을 둘러보니 우리가 나무를 심은 면적이
좁쌀보다도 더 작게 느껴졌다. 인간은 살기 위해서 벌목을
했지만, 그로 인해 스스로 죽어가고 있다고 느껴졌다.
무지가 잘못이 될 수도 있다는 생각이 들었다. 사회에서는
단 한 번도 나에게 이런 걸 하라고 한 적이 없었다.
학교에서도 마찬가지였다. 그렇다면 나와 같은 길을
걷고 있을 친구들에게 어떤 교육이 필요할 것인가. 별의별
생각의 가지치기가 이어졌다. '내가 세상에서 할 일이 참
많구나'라는 생각과 함께, 텁텁한 모래바람을 맞아가며
허리가 끊어지게 삽질을 했다. 지친 몸을 이끌고 숙소로
돌아오면 이런저런 생각으로 매일 밤을 보냈다. 아니, 실은
자려고 누워도 쉬이 잠이 들지 않았다. 몸은 피곤한데,
생각은 꼬리에 꼬리를 물고 이어졌다. 이 여정이 내 몸과
마음에 깊이 새겨졌다는 증거이기도 했다.

한 그루는 작지만 열 그루, 백 그루 쌓이다 보면
반드시 숲이 될 것이라 믿었다.
우리는 그러기 위해서 이곳에 온 것이다.

이동진 » 한계 » 중국

자연과 인간이 별개라는
착각

우리나라 역시 중국발 황사, 미세먼지 등으로 인해 수많은
문제들이 발생하고 있다. 중국의 미세한 먼지가 불과 하루
만에 수천 km를 날아와서 문제를 일으키는 것이다. 해가
지날수록 더 심해지고 있다. 나는 직접 눈으로 사막을
본 순간 생존의 문제로까지 이어지는 위협을 처음으로
느꼈다. 우리가 노력하지 않으면 자연은 날로 황폐해질
수밖에 없으며, 자연이 황폐해지면 인간뿐만 아니라 어떤
생명체도 살아남지 못한다는 사실. 자연과 인간은 하나의
끈으로 이어져 있다는 확실한 깨달음이었다. 당연하지만
결코 당연하지 않았다. 피부로 느낄 시간이 전혀 없었기
때문이다. 지금 당장 내가 환경에 영향을 받지 않는
것처럼 보인다 해도, 자연 환경 문제에 대해서 철저하게
참여하고 관여를 해서 자연을 복원시키는 데 힘써야 한다.

자연을 복원할 수 있는
작은 발걸음

눈에 보이는 변화가 생기려면 매우 긴 시간이 필요하다.
눈에 잘 보이지는 않지만 궁극적으로 사막이 다시 숲으로
변화하기 위해 할 수 있는 작은 실천은 바로 한 그루의
나무를 심는 것이었다. 동서의 길이 26km, 면적은 약 1만
6,100km²에 이르러 중국에서 일곱 번째, 세계에서 아홉
번째로 큰 사막인 쿠부치 사막을 변화시키려면 과연 몇
그루의 나무가 필요할까?
사방팔방이 모두 모래뿐인 이 넓고 황량한 곳에 나무를
한 그루 심었다. 그리고 또 한 그루를 심었으며, 그렇게
해서 몇 백 그루를 심었다. 이렇게 오랜 기간 열심히
나무를 심다 보면 1950년대의 그 초원으로 복원될
날이 올 것이라는 희망이 가져본다. 작고 보잘 것 없는
일이라도 일단 시작한다면 변화가 시작되고, 언젠가는
복원된 숲을 보면서 "한 그루의 나무가 이렇게 이곳을
변화시켰다"고 말할 수 있는 날이 오지 않을까. 그리고
그 변화처럼, 나 자신도 조금씩 노력하다 보면 더 나은
사람으로 성장하지 않을까.

여행 노트

대학생 봉사 활동은 인터넷에서 검색만으로도 많은 정보를 찾아볼 수 있다.
여러 기업에서 적극적으로 다양한 봉사 프로젝트를 진행하고 있다. 그 외
대외활동이나 사회 경험을 위한 다양한 정보 채널과 단체도 있으니 참고하자.

○ **기업 대학생 봉사단 프로그램**
- 한중문화청소년협회 미래숲 — www.futureforest.org
- 현대자동차그룹 글로벌 청년봉사단 해피무브 —
  happymove.hyundaimotorgroup.com
- SK 대학생자원봉사단 SUNNY — www.besunny.com
- KB 국민은행 / YMCA 대학생해외봉사단 라온아띠 — www.raonatti.org
- 앨고어 NGO 해외봉사단 — www.sgf.or.kr
- LS 대학생 해외봉사단 — www.lsholdings.co.kr
- 포스코 대학생봉사단 비욘드 — www.beyond.or.kr

○ **대학생 대외 활동**
- 대티즌 — www.detizen.com
- 아웃캠퍼스 — www.facebook.com/outcampus
- 스펙업 — cafe.naver.com/specup

BRAZIL

to be or not to be,
아마존 정글에서
마라톤으로 살아남기

#아마존

#정글 마라톤

#222km

#제정신이냐고?

#제정신임

이동진 » 한계 » 브라질

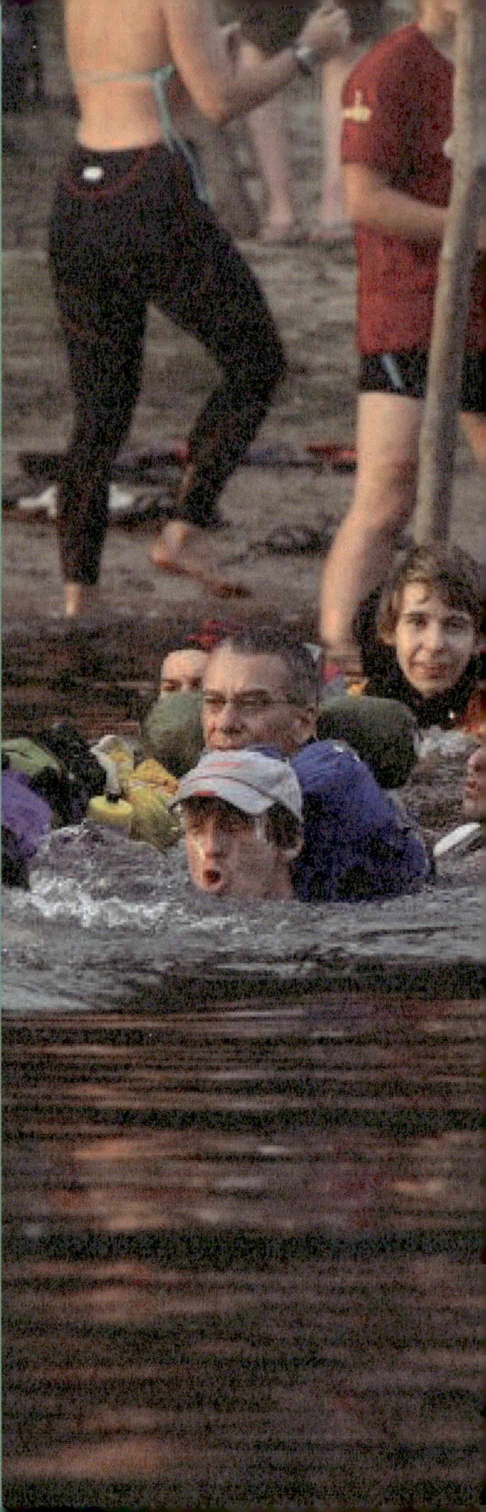

"브라질 아마존 정글에서 뭘 한다고?"
"222km 서바이벌 마라톤입니다."
"제정신이야?"
"네! 제정신입니다."

내가 아마존으로 떠날 당시 주변 사람들의
반응이었다. '지구의 허파'라고 불리는 브라질의
아마존. 그곳에서 15개국 46명이 참가하는
7일간의 대장정! 어느 누가 아마존을 달린다는
상상을 해보았을까? 미지의 땅, 아마존 열대우림
속에서 늪과 습지대를 건너, 강을 헤엄치고
정글과 산악을 달린다는 것은 어떤 기분일까?

아마존을 향한
두근두근 설렘

2010년 2월, 인터넷에서 우연히 사진을 한 장 발견했다.
마라토너 복장을 한 남자가 가방을 메고 정글을 달리는
모습이었다. 그 사진을 본 순간 내 심장이 요동쳤다.

'나도 아마존에서 마라톤을 뛰고 싶다!'

머릿속에서 이 생각이 멈추지 않았다. 그래서 결정했다.
아마존으로 가기로. 남들은 수십 번은 고민할 법한 결정을
내가 조금은 어렵지 않게 할 수 있었던 특별한 이유가 있었다.
그 전해, 군대를 전역하고 히말라야 등정에 나섰을 때 함께
고된 길을 가던 포터가 낭떠러지로 추락하여 하늘나라로
갔다. 다른 팀의 대원 중에서 2명이 더 사망했고, 그들이
장례를 치루는 것을 지켜보아야만 했다. '나는 무엇을 위해
살아가는 것일까. 내가 지금 해야 되는 것은 무엇일까.' 아주
진지한 인생의 화두가 그렇게 우연히 나에게 떨어졌다. 만약
내게 내일이 오지 않는다면 이 순간에 해야 될 것은 무엇일까.
'꼭 지금이어야만 하는 것'들을 당장 하며 살아야 후회하지
않는다는 결론은 어렵지 않게 났다.

행운마저 도와주니,
나 아마존에 갈 운명인 듯

결심을 하는 것과 본격적으로 준비를 시작하는 것은
전혀 다른 문제였다. 현실적으로 참가비를 포함한 총
경비가 1,000만 원이었다. 그 돈을 6개월 동안 학교를
다니면서 모으는 것은 불가능에 가까웠고 다른 대책이
필요했다. 그러던 중 기적같이 돌파구를 찾게 되었다.
아시아나 항공에서 주최한 『드림윙즈』라는 해외 체험
프로그램이었다. "대학생들의 꿈을 들어드립니다!"라는
슬로건의 이 프로그램은 대학생이라면 누구나 지원할 수
있고, 1등에겐 왕복 항공권과 300만 원을 지급한다.
나는 절박함으로 최선을 다해 준비했고, 결과적으로
130대 1의 경쟁을 뚫고 1등을 했다. 필요한 경비의
반 이상이 모아졌고, 추가 제안서를 낸 결과 모교인
경희대에서 일정 부분 후원을 받을 수 있게 되어 개인
경비는 거의 들지 않게 됐다. 비용 문제가 이렇게 해결되자
본격적으로 마라톤을 위한 훈련에 집중하기 시작했다.
그 비싼 돈을 주고 가서 체력이 안 되어서 포기할 수는
없는 노릇이었다.

거대한 자연,
미세하게 작아지는 인간

브라질 아마존에 도착했을 때 첫 느낌은 '울창함'이었다.
정글 마라톤 경기는 7일간 222km를 6개의 구간으로
나누어서 뛰게 되어 있었다. 이 경기의 기본적인 규칙은
'매일 정해진 거리를 약속된 시간 내로 도착해야 함'이었다.
전 세계에서 총 45명의 선수들이 모였고, 마라톤은
시작됐다. 총 222km를 뛰는 일정에서 하루에 몇 명씩
탈락의 순간을 맞이했다. 그들의 체력이 약해서일까?
아니다. 물론 체력적 이유도 있었지만, 탈락자 중 몇
명은 마라톤 선두 그룹이었는데 다리를 삐거나 인대가
늘어나서 포기하는 경우도 있었다.
숨이 턱턱 막히는 무더위, 아무것도 보이지 않는 짙푸른
아마존 강, 허벅지까지 푹푹 빠지는 진흙 펄, 경사가 급한
오르막에 거대한 식물들이 살아가는 산악 지형. 이런
수많은 낯선 환경들은 나에게 이렇게 말하는 듯했다.

'인간이 극복하지 못할 환경은 존재하지 않는다.'

난 그동안 너무 편한 것만 추구하면서 살아오지 않았나.
또 필요 이상의 것에 욕심을 내지는 않았을까 생각했다.
매일 뛰다 보니 발톱이 빠지거나 금이 가는 것은 예사고,
물집이 생겼던 자리에 매일 새로운 물집이 잡혔다. 하루
일정이 끝나면 의료진들이 선수들을 치료해줬다. 의료진의
숫자는 대략 40명 정도여서 거의 선수 한 사람당 의료진
한 사람이 전담 치료를 해주는 격이었다. 나보다 덩치가 두
배나 큰 친구들도 진통제 주사를 맞으면서 아프다고 소리
질렀다. 발바닥이 물집 투성이라 걷지도 못하는 친구들도
날이 갈수록 많아졌고 내 발에도 날마다 한두 개씩 물집이
늘어났다. 고통이 점점 익숙해지고 날이 갈수록 발이
부어오르자 아예 신발을 자르는 선수들이 늘어났다.
환경이 사람을 적응하게 만들었다. 여기선 오히려 물집이
없고 발톱이 빠지지 않는 것이 비현실적이었다. 인간이
가진 생각은 속한 환경과 사회에 의해서 형성됨을 알았다.
그러니 자연스럽게 지내고 싶다면 지금 처한 환경 속으로
빨리 적응하고 하나가 되어야 한다는 걸 아마존에서
깨달았다.

아마존 정글에서 마라톤을 한다는 사실 자체가 내 심장을
요동치게 했다. 이곳에 모인 참가자 모두 나와 다르지 않았다.
우리는 지구를 느끼고 있었다.

이동진 » 한계 » 브라질

생각보다 훨씬 힘든 정글 마라톤. 나는 분명 지쳐 있었다.
하지만 매일 고통을 참고 뛰었던 이유는 그래야만 도전의
참의미를 알게 되리라 믿었기 때문이다.

살아야 한다는 절박함,
그것이 계속 뛰게 하는 힘

대회 측에서 유일하게 계속 제공한 것은 바로 '물'이다.
사실 음식은 못 먹어도 며칠은 버틸 수도 있지만 물이
없으면 안된다. 매일 정해진 구간에서 물을 제공받는데
정글이 이어진 아마존의 환경 특성 상, 종종 구간이 길어질
때가 있다. 이럴 땐 선수들이 탈진을 경험하기도 한다.
정글 깊숙한 구간을 달리는 날이었다. 내가 체크 포인트
지점에 도착한 이후로도 선수들이 반 이상 도착하지
못할 때였다. 정글의 밤은 다른 곳보다 빨리 찾아오는데
선수들은 띄엄띄엄 들어왔고 시간은 계속 흘렀다.
밤 8시, 9시 그리고 10시가 넘었을 때야 마지막으로
여자 선수가 들어왔다. 랜턴 불빛 외에는 아무것도 안
보이는 아마존의 정글 속, 수많은 야생동물이 울어대고
진흙을 밟고 헤쳐나갈 때면 다리와 발의 맨살 옆으로
알 수 없는 뭔가가 지나가며, 계속 주변을 왔다갔다하는
그런 느낌을 받으면서 달려왔을 것이다. 그래서였을까?
그녀는 벅찬 환호성을 지르며 골인하더니 그 직후
쓰러져서 한동안 울었다. 정글 속에서는 뛰다가

멈춰버리면 아무도 도와줄 사람이 없다는 것을 알기에
쉬지 않고 뛰었을 것이다. 아무리 숨이 턱끝까지 차도,
발바닥이 타는 듯 아프고 다리에 힘이 풀려 주저앉고
싶어도 그 육체의 한계에 무릎 꿇었다가는 맹수의 밥이
되기 딱 십상이었다. 죽느냐 뛰느냐, 그 갈림길에서
정신력만이 그녀를 버티게 해주었을 것이다. 선수들은
그 마음을 당연히 알기에 함께 눈물을 훔쳐야만 했다.

아마존에서는 절박한 순간이 일상이었다. 주위를 둘러봐도
돌봐줄 사람은 단 한 명도 없다. 이 상황은 나에게 계속
뛰지 않으면 안 된다는 생각을 자연스럽게 만들어줬다.
내가 맨 처음, 아마존으로 오고 싶어 했던 그 수많은
이유들은 하나도 생각나지 않았다. 오로지 생존에 대한
생각밖에 들지 않는다는 것이 놀라웠다.
6박 7일간 222km를 달리는 내내 너무나도 많은 위기가
찾아왔다. '위기가 기회다'라는 말이 있지만 그 말이 무색할
정도로 육체와 정신을 무너뜨릴 뻔한 순간이 오기도 했다.
정글을 몇 시간 뛰다 보면, 나무가 재규어 같은 큰 동물로
보이기도 한다. 신기한 것은 나만 그런 것이 아니라 많은
선수들이 그런 착시 현상을 경험한다는 것이다.

뿌리까지 흔들리지 않으면
변할 수 없지

발톱이 빠져 도저히 뛰기가 쉽지가 않았다. 물집이 터진
곳에 또 물집이 생겼다. 뛰다가 쓰러지는 선수들도 있었고,
탈진하기도 했다. 같이 뛰던 선수는 갑자기 구토를 했고,
1등으로 뛰던 선수가 발목이 다치기도 했다. 이런 상황
속에서 끝까지 뛰기 위해서는 진통제를 안 먹을 수가
없었다. 날이 갈수록 포기하는 선수들이 속속 나타나
105km 구간에서는 대략 30명이 포기했다. 이쯤 되면 '내
가슴의 울림을 따라야지!'하는 생각 따위는 사라진지
오래였다. 고통을 겪는 순간이 되면 모든 것이 명확해진다.
난 오히려 나 자신에게 묻고 있었다. 나는 왜 여기까지
와서 이렇게 힘들게 뛰고 있을까. 아무도 강요하지
않았지만, 고통과 한계를 극복하면서 한 뼘씩 자라는
성장을 아마존에 가면 얻을 거라고 생각했다. 하지만 지금
이 순간 느끼는 고통 속에서는 도저히 그게 맞는지 아닌지
판단할 수 없었다. 사람들이 점점 포기를 하는 순간, 함께
뛰던 친구 클라슨과 이야기를 했다.

"무조건 포기하지 말자. 꼭 완주하자. 어떤 일이 있더라도 끝까지 뛰자."

어쩌면 나를 끝까지 지켰던 한마디는 '무조건 뛰자'라는 결심이었던 것 같다. 내가 선택했고 나는 그걸 끝까지 해내야 된다는 것이 내가 달려야 하는 유일한 이유였다. 마지막 날 결승점을 지나 수많은 사람들의 환호를 들으며 나는 11명의 완주자 중 한 명이 되었다. 대회 7일의 여정이 끝났다. 숙소로 들어가 긴 샤워를 마치고 침대에 누웠다. 그리고 가만히 눈을 감으며 지난 정글에서의 시간을 생각해 봤다. 도대체 왜 뛰면서 이런 고통을 이겨내야 했는지 이해되지 않을 정도였는데, 놀라운 사실이 있었다.

'결국 나는 해냈다.'

이 정도의 고통을 뛰어넘을 수 있는 사람이 바로 나라는 것이었다. 난 내가 생각한 것보다 훨씬 더 강한 사람임을 스스로 증명했다.

30명이 포기했던 롱 데이(Long Day)에
친구가 보내준 편지를 읽었다.
사막에서 오아시스를 만난 듯 지친 마음을 위로해 주는 것 같았다.

이동진 » 한계 » 브라질

'환경'이 사람을 만든다는
어떤 깨달음

아마존에 다녀온 뒤 내 삶이 많이 바뀌었을까, 아니면
여행했다 정도로 잔잔하게 마무리되었을까? 분명, 바뀐
것들은 많았다. 이젠 지구상에서 내가 뭘 계획하든 해낼 수
있을 것 같은 자신감을 찾아냈고, 내 생각이 현실과는
완전히 다를 수 있다는 것도 알았다. 하지만 가장 큰 수확은,
그게 뭐든 생각만 하지 말고 반드시 해봐야 한다는 것이다.

한국에서 내가 아마존을 뛰어서 여행한다고 했을 때 나를
보던 사람들의 반응은 대부분 부정적이었다. 도저히 이해할
수도 없고 지지할 수도 없다는 반응이었다. 하지만 이곳에서
만난 선수들에게 앞으로 내가 어떤 도전을 하겠다고
이야기하면 그들은 '신나겠다!'라는 말을 했다. '위험하지
않겠어?'라는 말보다는 '이렇게 준비하면 좋겠는데'라는
말을 더 많이 들었다.

내가 자란 환경이나 가치관이 정답이 아닐 수 있다는 것을,
그래서 나는 내가 알지 못하는 세상을 더 많이 보고 느껴야
함을 가슴깊이 깨달았다.

여행 노트

○ **대회 정보**
- **장소** : 2019년 대회는 중앙 아메리카 벨리즈(Belize)의 플라센시아 (Placencia) 정글로 변경되었음.
- **일정** : 5박 6일
- **거리** : 200km
- **참가비** : £5,000(한화 약 750만 원)
- **문의** : 정글마라톤 junglemarathon.uk, 울트라 마라톤 www.runxrun.com

○ **준비물**
- **장비** : 배낭, 양말, 타이츠, 해먹, 헤드 랜턴, 시계, 칼, 호루라기, 서바이벌 블랭킷, 속옷, 모자, 선글라스, 쿨나시, 반바지, 물집치료약품, 비상약품 세트, 옷핀, 허리 가방, 아쿠아슈즈, 반장갑, 버프, 배낭용 물통(빨대 포함), 물통 2개, 스틱, 슬리퍼
- **식사** : 에너지 보충제, 7일치 건조 식량(비빔밥 종류), 정제염
- **기타** : 선크림, 지퍼백, 칫솔/치약, 포크숟가락, 볼펜, 카메라 및 캠코더, 큰 비닐 등

○ **비자**
- **미국 비자** : 한국과 미국은 2008년 11월 17일부터 미국 비자 면제 프로그램 (Visa Waiver Program)에 가입했다. 따라서 전자 여권을 발급받고, 전자 여행 허가제 (ESTA, Electronic System for Travel Authorization)를 통해 입국 승인을 받아야 한다. 승인 결과는 출국 시에 제출해야 한다. 비자 면제 프로그램

승인을 받으면 여행 및 관광을 목적으로 미국에서 90일 동안 체류할 수 있다.

전자 여행 허가는 유효기간이 2년이며, 보통 72시간 이내에 신청이 접수된다.

* 전자 여행 허가 사이트(http://esta.cbp.dhs.gov/esta/esta.html)에 접속해서 한국어를 클릭하면 신청서를 접수할 수 있다.

• **벨리즈 비자** : 무비자로 입국해 90일 동안 체류할 수 있다.

○ 전체 일정

계획	2월	3월	4월	5월	6월	7월	8월	9월	10월
정글 마라톤 공지 확인	●								
드림윙즈 공모전 지원 · 면접 (합격 시 항공권+300만원 지원)		●	●	●	●				
드림윙즈 합격 & 추가 협찬 확정 (모교 및 동문회 지원 350만원)						●	●	●	
마라톤 훈련			●	●	●	●	●	●	
브라질 도착, 아마존 정글 마라톤 대회 참가									●

* 매년 일정이 바뀌니 사전에 확인해야 함.

○ 예산

품목	비용 – ●후원 ●자비
항공 요금	인천 – 뉴욕/L.A. – 인천 250만 원 뉴욕 – 상파울로 – 마나우스 – 산타렘(왕복) 200만 원
의류, 장비 및 의약품	100만 원
현지 이동 및 체류비	100만 원 + a
아마존 마라톤 참가비	350만 원 (300만 원 아시아나 항공이 지원)
총 금액	1,000만 원 + α

정글 마라톤 실제 촬영 영상

U.S.A.

자전거로 6,000km,
60일간의 다이어리

#미국 횡단
#자전거 횡단
#무전여행
#지도 위에 선으로 그려본 여행

이동진 » 한계 » 미국

자전거를 타고 아메리카 대륙을 횡단한다. 아는 사람도 없이, 환경도 음식도 언어도 낯선 곳에서 1,000달러도 안 되는 돈으로. 이것이 가능할까? 하지만 난 '인간이 생각할 수 있는 모든 것은 실현 가능한 것이다'라는 말만을 가슴에 새기고 페달을 멈추지 않았다. 결국 뉴욕에서 로스앤젤레스까지 60일 만에 도착했다. 안 해본 것에 대한 두려움은 현실이 아니었다. 그것은 '어려울 것 같아'라는 머릿속의 고정관념이었다.

아마존에 가면서
덤으로 얻은 미국 여행의 기회

2010년 대학교 2학년, 난 휴학을 했다. 그 당시 브라질
아마존 정글에서 열리는 222km 울트라 마라톤
대회에 참가하기 위해서였다. 경비 마련을 위해 참가한
아시아나항공 주최의 『드림윙즈』 프로그램에서 1등으로
선발됐고, 부상으로 3개월간 유효한 미국 왕복 항공권을
받았다. 이미 한 학기를 휴학까지 한 마당에 이 항공권을
사용해 경유지인 미국에 더 머무르며 뭔가 특별한 것을
하고 싶었다. 고민 끝에 서점에 가서 미국 지도를 구입했다.
지도 여기저기에 가고 싶은 곳을 표시했고, 그곳들을
이어보니 미국 동서 대륙을 가로지르는 길이 하나 생겼다.
순간 내 머릿속에 한 가지 생각이 떠올랐다.

"그래! 자전거로 미국 대륙을 건너보자!"

아무리 생각해도 기가 막히게 멋진 일이었다. 그때부터
내 심장은 요동치고 있었고, 붉은 펜을 쥔 내 손에는
땀방울이 맺히기 시작했다. 마음은 벌써 아메리카
대륙을 지나고 있었고, 그렇게 미국 자전거 여행 준비가
시작되었다.

여행의 계기가 너무 간단하다고 생각할 수도 있다.
하지만 '가장 어려우면서도 쉬운 것은 인생'이라고도 하지
않았던가. 그렇게 쉽게(?) 마음을 먹고 '복잡해 보이는'
여행 준비를 시작하게 되었다.
우선 지도에 표시된 것을 기본으로 해서 대략 60일이라는
시간을 기준으로 60개의 거점 도시를 표시했다. 하루
100km를 달리면 도착할 수 있는 도시들이었다. 하루에
얼마나 달릴 수 있을지는 실제로 미국에 가서 현지 도로의
사정과 환경, 날씨 등을 고려해봐야 알겠지만, 세계 날씨
홈페이지를 통해서 루트의 날씨를 예측해 보았을 때는
가능해 보였다. 최소한 날씨 측면에서는 말이다.

이동진 » 한계 » 미국

부족했던 세 가지
돈, 언어, 인맥

5개월 이상의 여행 준비 끝에 2011년 10월 22일, 드디어
미국 뉴욕을 출발했다. 결과부터 이야기를 하자면
상상력을 동원해서 준비했던 것과 현실은 엄연히
달랐다. 최소 60일에서 최대 80일 안에 로스앤젤레스에
도착한다고 가정하고 출발했지만 날씨부터 예상과는
전혀 달랐다. 이 때문에 루트를 몇 차례나 변경해야만
했고, 결국 북부 시카고에서 900km나 남쪽으로 이동한
멤피스에서 다시 서쪽으로 페달을 밟아나가야만 했다.

여행의 시작은 부족함에서 출발했다. 첫 도시인 뉴욕에서
나에게는 세 가지가 부족했다. 아니 없었다고 해도 맞는
말일 것이다.

첫째, 돈이 부족했다. 총 여행 경비는 100만 원도 채 되지
않았다. 모텔에서 잔 날은 고작 며칠, 그 외에는 거의
길가나 카페, 교회 등에서 만난 현지인들의 도움을 받아
밥을 얻어먹거나 잠자리를 빌릴 수 있었다. 그래서 운

좋게도 두 달 동안 숙식에 든 비용은 30만 원이 채 되지
않았다. 만약 내가 돈을 넉넉히 가지고 있었다면 굳이
2~5시간씩 외국인 수십 명에게 거절을 당해가며 잠잘
곳을 물어보거나, 교회 목사님을 찾지는 않았을 것이다.
하지만 어려웠던 만큼 쉽게 배울 수 없는 큰 가르침을
받았고, 내가 성장하고 있다는 것을 느낄 수 있었다.
덕분에 길 위에서 사귄 친구들을 통해 사륜 오토바이,
자동차, 버스, 트럭, 캠핑카, 트레일러, 경비행기, 요트 등을
직접 타거나 운전하는 경험을 쌓았다. 그 때문이었을까.
도움을 준 사람들과 헤어질 때면 아쉬움과 고마움을
느끼며 눈물을 훔쳤었다.

둘째, 영어를 잘하지 못했다. 듣기도 말하기도 능숙하지
못했다. 하지만 겁이 나지는 않았다. 아마 영어를 좀 배울
수 있기를 기대했는지 모른다. 그리고 놀랍게도, 마지막
도시인 로스앤젤레스에 도착해서 한국어를 들었을 때
너무나도 어색했다. 나도 모르게 영어가 익숙해져 버린
것이었다. 소름이 돋을 정도로 놀라웠던 순간이었다.

세 번째는 로스앤젤레스 인근에 사는 지인을 제외하고는
미국 전역에 아는 사람이라곤 아무도 없었다. 하지만

횡단을 마칠 때까지 11개 주에서 300여 명의 친구들을
만났고, 그들 덕분에 미국 문화를 온몸으로 보고
듣고 느꼈다. 처음 만난 나를 의심하지 않고 가족처럼
배려해주는 사람들을 만나며 인류애라고 불러도 좋을
사랑의 가치를 깨닫고 감명을 받았다.

"안녕하세요. 저는 미국 자전거 횡단을 하는 대한민국
청년인데요, 뉴욕에서 출발해 며칠 만에 이곳에
도착했습니다. 특별히 오늘은 이 마을에서 하룻밤 묵을
예정입니다. 저는 그동안 아마존, 히말라야 등을 다니며
겪은 정말 많은 이야기를 가지고 있습니다. 숙소를
제공해주신다면 제 이야기를 들을 수 있는 소중한 기회를
드리고 싶습니다."

여기까지 말하면 상대가 마음을 여는지 아닌지를 알
수가 있다. 최대한 솔직하고 정중한 자세로 내 상황을
전달했다. 그리고 자연스레 내가 그동안 만났던 사람들과
찍은 사진을 보여주면서 믿을 수 있는 사람임을 알려줬다.
이렇게 해서 많은 사람들을 만날 수 있었다.

각종 테러와 사건 사고가 언제나 끊이지 않는 나라,

미국. 그래서 특히나 낯선 사람을 조심한다는 다인종
국가. 그럼에도 불구하고 자전거를 타고 다니는 낯선
동양인인 나를 불러 세워서 가족 파티에 초대했던
밥 선생님, 추수감사절 가족 모임에 초대해준 의대생
친구, 고속도로를 달리는 것은 위험하다며 자기 차에
태워주고 와인 파티를 열어준 백인 사장님, 사막에서
사륜 오토바이를 태워준 존 할아버지, 경비행기를 무료로
태워준 비행 학교 사장님 등 이루 말할 수 없는 사람들
덕분에 미국을 달릴 수 있었다. 그리고 나 또한 다른
이들에게 대가없는 사랑을 베풀어야 함을 깨달았다.

60일 동안 비행장에 7번 들른 끝에 비행기를 탈 수 있었다. 비행 학교
대표님은 크리스마스 선물이라며 경비행기를 타게 해주셨다.

이 여행에서
무한대로 얻은 것

자전거로 아메리카 대륙을 횡단하는 60일 동안 어림잡아
300명의 사람들을 만났다. 이 여행에서 가장 크게 얻은
것은 바로 사람, 그리고 사랑이었다. 시간이 갈수록 사람
만나는 것은 어렵지 않았다. 그런데 그와 정비례해서
늘어나는 의문도 있었다. 도대체 이 사람들은 생전 처음
보는 날 왜 재워주고 헤어질 때에는 눈물까지 흘리는
것일까. 이건 어디에서 시작된 무슨 감정일까. 그때도
지금도 이 의문에 대한 답을 수학 공식처럼 명확하게
내놓을 수는 없다. 하지만 어느 순간, 그들이 내미는 손을
잡거나 함께 울면서 저절로 알 수 있었다. 인종, 나이,
종교, 환경 모든 게 달랐던 사람들에게서 듣는 따뜻한
한마디가 나를 울렸던 것이다.
최종 목적지인 로스앤젤레스에 도착했고 두 달에 걸친
미국 횡단은 끝났다. 이 여행은 조건 없는 사랑이 아직도
이 세상에 있다는 걸 깨닫게 해준 시간이었다. 초고속
LTE가 일상이 되어 버릴 정도로 모든 것이 빠르게
변화하는 시대에, 하루 10시간 이상을 자전거 안장에

앉아서 앞만 보고 페달을 밟아야 한다는 것은 절대로 쉽지 않은 일이었다. 매순간 포기하고 싶을 정도로 심신은 많이 힘들었다. 그러나 그랬기 때문에, 육체를 뛰어넘는 정신력이 인생을 좌우한다는 사실 또한 알게 되었다. 더불어 '나'라는 존재가 과거, 현재, 미래를 어떻게 지내왔는지에 대해, 인생에 대해 돌이켜 볼 수 있는 소중한 시간이었다. 60일이라는 이 시간이 앞으로의 60년 인생에 큰 영향을 끼칠 것이라고 생각했다.

누군가 나에게 미국 횡단을 또 하겠느냐고 묻는다면 난 주저하지 않고 그러겠노라고 말할 것이다. 물론 육체적으로 정신적으로 매우 지치고 힘든 일임을 너무나 잘 알고 있다. 하지만 아메리카 대륙의 매력을 느껴보고 싶은 사람이라면 누구든지 미국 지도 한 장을 펼쳐놓고 미국행 항공권을 사라고 말해주고 싶다. 그리고 떠나 보는 거다. 너무 거창하고 어렵고 말도 안 되는 행동 같아 보이지만 그렇지 않다. 마음을 먹었다면 현관 앞에 세워놓은 자전거의 자물쇠를 풀고 워밍업 준비를 하자. 그때 이미 모든 준비가 끝난 셈이다.

세계에서 땅의 기운이 가장 좋다는 세도나에 도착했다.
지친 몸과 마음을 쉬면서 회복할 수 있었다.

캘리포니아의 뉴 포트 비치. 집마다 요트 선착장이 있다.
내가 살아온 곳과 너무 다른 이곳에서 나는 새로운 꿈을 얻어간다.

여행 노트

○ **횡단 루트**

뉴욕 → 스크랜턴 → 버팔로 → 클리블랜드 → 시카고 → 멤피스 → 리틀록 →
오클라호마시티 → 애머릴로 → 앨버커키 → 세도나 → 로스앤젤레스

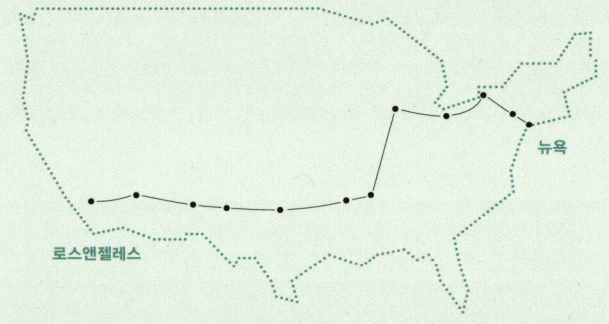

로스앤젤레스   뉴욕

○ **준비물**

• **의류** : 고어텍스 재킷, 고어텍스 긴 바지, 폴라플리스 긴 소매 옷, 라이딩용
  긴 소매 옷, 산악자전거용 바지, 패치 반바지, 스포츠 팬티, 털모자,
  폴라플리스 장갑, 반 장갑, 양말, 두꺼운 버프, 신발
• **기타** : 침낭, 냄비, 버너, 가스(한 번 사용), 텐트(사용 안함)
• **자전거 장비** : 자전거 , 핸들 바 봉, 발 고정대, Rear 랙, Front Bag, 패니어
  2개, 가방, 기본 공구, 마이다스 타이어, 물통 3개, 휴대폰 거치대, 카메라 거치대

○ **비자**

한국과 미국은 2008년 11월 17일부터 미국 비자 면제 프로그램(Visa
Waiver Program)에 가입했다. 따라서 전자 여권을 발급받고, 전자 여행
허가제(ESTA, Electronic System for Travel Authorization)를 통해 입국

승인을 받아야 한다. 승인 결과는 출국 시에 제출해야 한다. 비자 면제 프로그램
승인을 받으면 여행 및 관광을 목적으로 미국에서 90일 동안 체류할 수 있다.
전자 여행 허가는 유효기간이 2년이며, 보통 72시간 이내에 신청이 접수된다.

○ 전체 일정

계획	6월	7월	8월	9월	10월	11월	12월	1월
문서 계획	●	●						
협찬 섭외 · 장비 준비			●	●				
마무리 및 출국					●			
자전거 횡단 기간						●	●	
도착 및 마무리								●
훈련	●	●	●	●	●			

○ 예산

품목	비용 - ● 후원 ● 자비	참고
항공 요금	아시아나 왕복 항공권(200만 원)	자전거 화물 운송비 20만 원
자전거	엘파마 지원(100만 원 상당)	
자전거 기타 장비	엘파마 지원(100만 원 상당) 마이다스(노 펑크 타이어 제공)	40만 원 추가 구매
의류(신발 포함)	밀레 지원(150만 원 상당)	
텐트 및 그 외 장신구	밀레 지원(50만 원 상당)	
횡단 전 뉴욕 민박 이용	30만 원(1박=50달러)	픽업 서비스 5만 원
노트북 수리 비용	30만 원	
횡단 중 숙박+식사	30만 원	
생필품 구매	20만 원	
총 금액	약 800만 원 + α	

* 후원받지 않고 무전여행으로 다니지도 않았다면, 추가 비용이 500만 원 이상 발생했을
것이다. 하지만 항공 요금을 제외한 의류, 캠핑 장비, 자전거가 집에 있다면 충분히 예산을
절감할 수 있다.

'여행'이라 쓰고
'인생 수업'이라 읽는다

내가 20살로 돌아간다면, 가장 다시 하고 싶은 여행은 전국 일주다.

가장 이용하고 싶은 교통수단은 기차이며, 프로그램은 바로

'내일로'이다. 20대에 전국을 여행할 수 있는 방법 중에서 저렴하고

국토 구석구석 누빌 수 있는 가장 합리적인 교통수단이기 때문이다.

그리고 이 여행에서 가장 중요한 것은 이 나라 이 세상에 다양한

삶이 있다는 걸 알려 준 '사람들'이다.

#전국 무전여행
#방방곡곡
#기차여행
#도움 주신 분들 감사합니다
#잠자리 먹거리 해결이 문제

이동진 » 한계 » 한국

20살의 0순위 버킷리스트,
전국 무전여행

계절은 여느 해와 똑같이 돌고 돌아 어김없이 무더운
여름이 찾아왔다. 하지만 그 해 여름은 이전과는 전혀
다른 의미의 여름이었다. 대학생이 되어 맞는 첫 번째
방학이었기 때문이다. 재수 시절부터 정말 하고 싶던
여행이 있었다. 바로 전국 무전여행이었다.

우선 최소한의 여행 경비를 마련하기 위해 수영장에서
라이프 가드로 일했다. 이 돈으로 여행에 필요한 물품을
구매했다. 그리고 이것저것 자료를 찾다가 마침 딱 맞는
여행 티켓을 발견했다. 그 해에 우리나라에 처음으로
출시된 한 장의 여행 티켓, 부산 왕복 기차 요금보다도
훨씬 저렴한 값으로 1주일간 KTX를 제외한 모든 좌석을
무한대로 이용할 수 있는 기차표, 바로 '내일로'였다. 난
대학 동기 한 명과 함께 이 '내일로'를 타고 전국을 누비며
여행을 하기로 했다.

여행은 인생 수업,
만나는 사람들이 교과서

여행의 시작은 서울역이었다. 난 이때가 되어서야
우리나라에 기차역이 얼마나 많은지 처음 알았다. '내일로'
티켓은 KTX를 제외한 기차는 모두 탑승할 수 있었는데,
그중에서 단연 새마을호 특실을 이용하는 게 이득이었다.
고작 20살 문턱을 넘은 대학생인 나에게는 이것만으로도
엄청난 특혜라고 느껴졌다.

가장 먼저 도착했던 곳은 대천이었다. 대천 수영장 끝엔
절벽 같은 바위들이 있는데, 우린 그 안쪽 깊숙이 가방을
숨겨 놨다. 가벼운 걸음으로 해변에 가서 누워 있다가
바로 옆에 있는 텐트촌 마당으로 들어가 눈을 좀 붙였다.
밤하늘의 별을 보고 있자니 너무나도 행복했다. 서울에서는
절대 볼 수 없는 광경이었다. 배는 고팠지만 입가에 행복한
미소가 지어졌다. '정말 오길 잘했구나.' 현실에서 힘들고
지칠 때 사람들이 왜 여행을 떠나는지 알게 되었다. 짧아도
여행을 다니는 것이 이렇게 기분을 전환시켜 준다니.

다음으로 향한 곳은 바로 계룡산 국립공원이었다.

대전 시내에서 버스를 타고 계룡산 입구에 도착하니
늦은 밤이었다. 등산로를 따라 들어가려고 하는 찰나,
관리소 아저씨께서 말씀하셨다.

"학생들. 국립공원 등산로 출입 시간이 지나서 지금은
들어갈 수가 없네."

우린 어쩔 수 없이 관리소 바로 옆 벤치에 침낭을 깔고
하룻밤을 보내기로 했다. 여름이라 해도 짧고 산속의 밤은
춥다. 게다가 새벽녘에 비가 내려 흠뻑 젖는 바람에 일찌감치
잠이 깨버렸다. 희뿌연 여름 산봉우리를 바라보며 '내가
지금 산속에서 침낭 하나만 의지한 채 자고 있구나.' 하는
생각이 들자, 진짜 '무전' 여행이 실감났다.
새벽부터 우리는 산을 오르기 시작했다. 등산로를 따라
간지 얼마 되지 않아 동화사를 발견했다. 동화사는
비구니 스님들만 계신 특별한 절이었다. 안으로 들어가
큰스님께 인사를 드리며 좋은 말씀을 듣고 싶다고 했다.
큰스님께서는 "그냥 밥이나 먹고 가시게!"라고 하시며
식사를 대접해주겠다고 하셨다. 방에 앉아 있으니, 밥상
2개가 들어왔다. "세상에…." 우리는 말을 잇지 못했다.
뜻하지 않게 배불리 아침을 먹고 법당에 잠시 들러 감사의
인사를 드린 후 절을 떠났다.

모든 게 낯설다면,
잘하고 있다는 증거

기차를 타고 구례구역으로 이동했다. 우리의 목표는
지리산 정상. 기차역에 도착한 우리는 처음 보는 등산객
아저씨들의 차를 얻어 타고 지리산 입구까지 이동했다.
그리고 그분들과 함께 산에 오르기 시작했다. 지나가는
등산객들이 우리에게 중요한 문제를 물어보셨다.

"산장은 예약했어요?"

아…! 이 순진하고 허술한 청춘들을 어찌할까 하는
표정으로 아저씨들이 지나쳐갔다. 우리는 밤이 되면,
밥 때가 되면 어찌할지 계획도 없이 2박 3일 동안
이어질 지리산 등반을 시작한 것이었다. 천만다행으로
산장에서 남는 자리를 얻는 행운이 있었다.
산을 오른 지 3일차 새벽 5시에 정상에 도착했다. 우리나라
산이 얼마나 절경인지 20살이 되어서야 깨달을 수 있었다.
내려가는 길도 만만치 않았다. 제대로 음식도 챙겨가지
않았으니 어디서든 얻어먹어야 했다. 다행히 산에서 만난

사람들은 모두들 인심이 넉넉했다. 야영장에서 밥을
얻어먹기도 했고, 우연히 학교 교수님들을 만나기도 했다.
물이 없어서 탈진하려는 순간에는 누군가가 우리에게
마실 물을 건네주었다.

흔히들 학교 밖은 전쟁터라고 말했지만, 그곳에서 만난
사람들은 상상한 것 이상으로 따뜻했고 정이 많았다.
왜 학교에서는 여행을 가라, 더 많은 세상을 경험하라고
권유하지 않고 학점이 중요하다고 하는 것일까. 학점보다
더 중요한 것이, 세상을 살면서 깊이 새겨 둘 것들이
저 밖에 있다고 알려주지 않는 것일까 하고 생각했다.

넓고 넓은 바닷가에
할머니의 사랑이 있다

부산에서 울산을 거쳐 강원도 울진까지 곧장 올라왔다.
울진 앞바다에 있는 등대 밑에서 침낭 하나만 꺼내 그
속에서 모두 함께 별을 보며 잠이 들기도 했다. 우리의
최종 목적지는 울릉도였다. 다음날 첫 배를 타고 울릉도로
가는데, 배가 어찌나 많이 흔들리던지 멀미 때문에 혼이 쏙
빠지고 내리자마자 속을 게워내야만 했다. 돈 없는 우리가
울릉도에서 다닐 방법은 걷기뿐이었다. 일단 잠잘 곳을
구해야만 했기에 마을에 계신 어른들께 여쭤보았다. 그때
한 할머니께서 우리에게 이렇게 말씀하셨다.

"야들아! 우리 집에서 자라!"

할머니는 할아버지가 돌아가시고 자녀들은 모두 서울에서
살아 혼자 계셨다. 자식들이 모두 잘 살고 있다며
자랑스럽게 얘기하시더니, 냉장고에 가득 있던 소고기,
돼지고기를 꺼내주셨다.

"이 냉장고에 있는 거 다 먹고 가야 된다. 난 고기 안 좋아해.
그러니 니들이 다 먹고 가라."

우리는 할머니댁에 온 것처럼, 할머니의 손자가 된
것처럼 배불리 먹었다. 식사를 마치고 잠이 솔솔 올 때쯤,
할머니께서 말씀하셨다.

"집 좀 보고 있어. 밖에 좀 나갔다 올 테니까."

멍하게 있다가 깜짝 놀라 엉겁결에 네네, 알겠다고
대답했다. 할머니는 어디서 온 줄도 모르는 낯선 청년들을
집에 두고 나가 버리셨다. 우리를 얼마나 믿으신 걸까.
뭘 보고 우리를 믿으신 걸까. 도무지 가늠이 되지 않는,
이상한 할머니의 마음이었다.

저녁이 되자 할머니는 또 맛있는 밥을 차려주시더니,
편하게 자라며 할머니의 방까지 우리에게 내어주셨다.
이렇게까지 신세 질 순 없다고 거절을 해봤지만
할머니에겐 안 통했다.

"시끄러, 여긴 내 집이니까 내 맘대로 하는 거야!"

이렇게 호통을 치고 작은 방으로 들어가 버리는
할머니를 보면서 '아, 할머니도 아들, 딸, 손자가 많이
그리우시겠다'는 생각을 했다. 내가 나중에 독립하게
되면 우리 부모님도 나에게 이런 마음이실까, 많은 생각이
스치는 밤이었다.

이 여행을 시작하지 않았다면 돈보다 중요한 진심의
가치와 내가 알던 삶과는 전혀 다른 삶들이 이렇게나 많이
존재한다는 것을 몰랐을 것이다. 밤하늘에 뜬 수많은
별들만큼이나 알 수 없는 마음과 따뜻함이 이 세상에 숨어
있음을, 울릉도의 따뜻한 방 안에서 생각하고 또 생각했다.

여행 노트

○ **횡단 루트**

　서울 → 대천 → 대전 → 계룡산 → 정읍 → 구례구(지리산) → 광주 → 보성 →

　대구 → 부산 → 경주 → 안동 → 강릉 → 울릉도

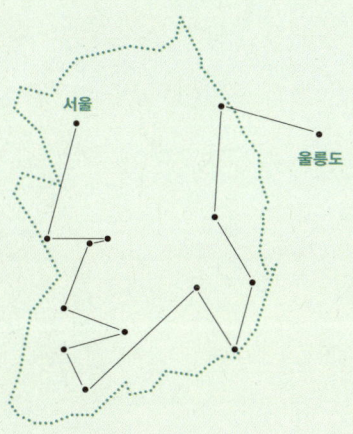

○ **준비물**

　큰 가방, 지도, 침낭, 긴 하의, 긴소매 상의, 반소매 상의, 반바지, 수영복, 속옷,

　손전등, 코펠, 샌들, 챙 모자, 일기장, 연필, 사진기, 물통 등

○ **예산**

・ 교통비 15만 원 (내일로 티켓 + 울릉도 배 왕복 + 기타)

・ 숙식비 20만 원

→ 총 35만 원

여행을 일상처럼,
'현지인'으로
살아본
꿈같은 시간

#소림무술학교
#이소룡
#초보 무도인
#셜록 홈즈
#초보 탐정
#여행은 도전

이동진 » 한계 » 세계 여행

대학교 2학년이 될 때까지 내가
다녔던 외국은 다섯 곳도 되지 않았다.
상대적으로 생각하면 많기도 하고
적기도 한 이 횟수는 사실 중요하진
않다. 그저 몇 번의 경험만으로도 이
세상이 얼마나 넓은지, 할 일은 또
얼마나 많은지를 깨닫게 됐다는 게
중요했다. 그래서 나는, 결심했다.
세계 일주를 해보기로. 20대, 체력과
열정이 활활 불타는 때 더 많이, 더 오래
다녀보고 싶었다. 대학교를 휴학하고
5개월 동안 3개 대륙 11개 국가를
다녀왔다. 그중에서 가장 오래 머물렀던
중국과 영국에서의 시간은 내게
특별하고 강렬한 경험을 남겼다.

성룡처럼 되고 싶은
소년의 꿈을 찾아 소림 무술 학교로!

여행은 꼭 바닷물을 마시는 것 같았다. 아무리 마셔도
갈증이 풀리지 않고 도리어 더 목이 마르는 것처럼,
몇 번 다녀온 여행의 기억은 또 다른 경험을 하고 싶게
했다. 난 새로운 세상에 대한 갈증을 풀기 위해 잠시
휴학하기로 결정했다. 그리고 세계 여행을 시작했다.

가장 먼저 날아간 곳은 중국 소림사였다. 어릴 때 정말
가보고 싶었던 곳이 소림 무술 학교였기 때문이다.
무술을 배우고 싶었다. 유치할지는 모르나, 아무튼
내 심장이 그 생각만 하면 평소보다 두 배는 빨리 뛰는 것
같았으니까 가야만 했다. 일단 베이징행 비행기에 올랐다.
이번 여행은 운이 따라줬다. 베이징에 도착해서 미리
지인을 통해 소개받은 한국인 선생님 댁에서 묵게 되었다.
우연인지 모르겠으나, 여기서도 소림 무술과 인연이
있었다. 선생님께서도 젊었을 때 소림사에서 무술을
배우셨다는 것이다. 묘한 일이었다. 이 여행에서는 소림
무술이 꼭 이정표처럼 곳곳에서 튀어나왔다.

무술도 무술이지만, 우선 여행부터 하기로 했다. 무려
28시간 동안 달리는 열차를 타고 구이린桂林까지 가는
여행을 택했다. 등받이가 뒤로 젖혀지지도 않는 불편한
의자에 앉아 밤새 달렸다. 15시간 정도 지났을 때 내
옆자리에 20대 친구가 앉았다. 어디서 왔느냐고 물었더니,
소림 무술 학교에서 집으로 가는 길이라고 했다. 여기서도
소림 무술인을 만나다니! 그 친구가 다니는 무술 학교는
정저우鄭州에 있다고 했다. 이 친구 덕분에 소림 무술
학교가 있는 정확한 곳을 알게 됐다. 점점 더 소림 무술
학교에 가까워지도록 누군가 도와주는 느낌이었다. 난
목적지인 구이린에서 하루를 묵고 바로 소림사로 향했다.

정저우 역에 도착하자마자 바로 옆에 있는 버스 터미널로
가서 덩펑登封으로 가는 버스표를 구매했다. 거기에 가면
진짜 소림 무술 학교가 있다고 했다. 버스로 2시간여 달려
도착한 덩펑은 그냥 아주 시골이었다. 더 놀라운 일은
지금부터였다. 정류장 밖에는 웬 버스가 1대 정차되어
있었고, 그 안에 누가 봐도 사부처럼 보이는 사람이
있었다. 나는 그 사람에게 '쿵푸, 한궈런韓國人'이라고 하며
무술 포즈를 취했다. 그는 웃음을 지으며 손으로 버스에
타라는 시늉을 했다. 이미 버스 안에는 머리를 시원하게

민 꼬마 아이와 그 부모들이 타고 있었다. 다른 곳에서
무술을 배우러 온 것처럼 보였다. 조용한 시골길을 달리다
보니 으리으리한 무술 학교가 보였다. 정문으로 들어선
순간, 텔레비전에서 보았던 장면이 눈에 들어왔다. 무술
도복을 입은 수백 명의 수련생이 몇 그룹씩 나누어 같은
동작의 무술을 하고 있는 것이었다. '정말 내가 소림사에
오고 말았구나.' 그토록 찾던 소림 무술 학교에 도착한
것이었다.

소림 무술이 위대한 이유

우선 입구에 있는 건물에서 무술 학교 입학 담당자와
이야기를 나눴다. 이 마을에는 무술 학교가 무려 수백 개
있다는 얘기를 듣고 몇 군데를 들렀다가 마침내 마음에
드는 학교를 발견했다. 그리고 입학 면담을 하게 됐다.
담당자는 내가 한국인이라고 하니 잠깐 기다려 보라고
하더니 중학생쯤 되어 보이는 남학생을 데려왔다.

"안녕하세요, 형. 한국인이세요?"

반갑고도 놀라운 한국어가 들렸다. 이렇게 해서 4년째
무술을 배우고 있는 한국인 동생의 도움으로 무술 학교에
입학하게 되었다.

여기까지 오는 여정이 좀 복잡했지, 무술 학교에서
먹고 자면서 배우는 생활은 그리 어렵지 않았다.
나는 무술 수업을 잘 따라갔다. 어릴 때부터 태권도를
했지만 오래전이라 몸이 기억할까 싶었는데, 며칠

지나자 감각들이 조금씩 살아나기 시작했다. 처음엔 내가
외국인이라 사범들도 별로 관심을 주지 않았고 가벼운
동작들만 시켰는데, 점점 잘 따라하는 걸 보며 놀랐는지
재미있었는지 더 열심히 가르쳐 주셨다. 어린 아이들은 내가
외국인이라 신기한지 말이 통하지 않는데도 손짓 발짓으로
얘기를 나누고 함께 무술을 하면서 시간을 보냈다.

소림 무술은 배울수록 대단하다는 생각이 들었다. 뭔가
어마어마한 기술 때문이 아니었다. 그저 끝없이 묵묵히
수련을 해야만 실력이 는다는 '성실함'이 그 이유였다.
수천 명의 학생들은 방학도 없이 매일 수백 번의 주먹
지르기, 발차기, 각종 공중돌기 동작을 연습한다. 이 꾸준함,
성실함 앞에서는 누구라도 성장할 수밖에 없다. 한 우물을
파는 위대함이다. 성룡이 나오는 영화에서처럼 무술을
배우고 큰 스승님에게 깨달음을 얻을 줄 알았던 상상과는
달랐다. 하지만 그것이 오히려 더 큰 깨달음을 주었다.

잉글리시 맨,
이론과 실제가 균형 잡혀야 해

영국에는 경찰로 일하는 클라슨이라는 아마존 마라톤
대회에서 만난 친구가 살고 있었다. 3주 동안 그의 집에서
지냈고, 클라슨 가족은 머무는 내내 날 가족처럼 대해줬다.
클라슨은 나에게 100년 된 건물의 재건축 현장에서 일할
수 있는 자리를 소개해 줬다. 물론 고작 열흘 동안 현장에서
궂은일을 하는 보조 역할이었지만 그 의미는 평범하지
않았다. 영국에서는 100년이나 150년 된 오래된 건물들도
허물기 보다는 재건축하여 다시 사용하는 것이 보통이었다.
수명이 짧은 우리나라 건축 현장과는 많은 차이가 있었다.

나는 아침 8시까지 출근해 4시까지 일을 했다. 내 일은
현장 근로자들이 작업해 놓은 자재들을 정리하고 집 전체를
청소기로 청소하고, 마무리할 자재에 박힌 못을 뽑는
등의 것들이었다. 그저 현장에 가만히 있기만 해도 좋을
경험이었는데 외국인인 내가 작은 도움이라도 보탠다는
사실이 신선했다. 현장 작업자들은 여유로웠고 직업에 대한
자부심이 컸다. 한 친구는 10대부터 건축 현장에서 일을

해왔다고 했다. 그는 건축가가 되고 싶어 대학을 다니는데,
수업이 없는 날에는 일을 하러 이렇게 현장에 나온다고
했다. 우린 흔히 '노가다'라고 불리는 현장 일인데,
영국에서는 건축가가 되기 위해서 꼭 필요한 배움이라
여기고 공부와 병행하는 일이 당연하단다. 충격적인
사실이었다. 한국에서 건축공학과를 다니고 있던 나는 그
친구처럼 사는 학생을 듣지도 보지도 못했다. 다른 환경을
경험한다는 것은 전혀 다른 생각을 가진 존재를 만난다는
것이다. 정말 오길 잘했다. 재건축 현장에서의 열흘은
쏜살같이 지나갔다.

셜록과 왓슨의 나라,
영국의 경찰은?

건축 현장 일을 마무리한 나에게 클라슨은 또 하나
좋은 경험을 하게 해줬다. 영국 경찰의 일상을 잠시나마
'관찰자'로서 함께 할 수 있는 것이었다. 클라슨의
도움으로 정식 허가까지 받고 경찰들과 24시간을 함께
하게 되었다. 운이 좋았던지, 내가 참여했던 날은 6개월
동안 진행되었던 건축 자재 도난 범인 검거 프로젝트에서
마지막 검거 작전을 펼치는 날이었다. 범인이 6명이었고,
당시 런던에서 큰 사건이었기 때문에 많은 언론사와
BBC 방송국에서 검거 장면을 생중계하기도 했다.

범인이 지냈던 현장은 말도 안 될 정도로 지저분했다.
큰 트레일러와 그 위에 그가 자던 이불, 몇 권의 책, 그리고
바닥에는 쓰레기와 대소변이 널려 있었다. 가축들의
우리보다도 못한 곳에서 숨어 살고 있었다. 그는 단순한
절도가 아니라 비싼 금속 재료나 자동차 등 훔치지 않은
물건이 없을 정도로 악질인 절도범이었고, 훔친 물건을
판 돈은 마약을 사서 복용하는 데 전부 사용했다.

악질 범죄자가 이렇게 가까이에 살고 있다는 것이
놀라웠다. 이런 프로그램은 일반인들에게 범죄에 대한
경각심과 주의를 견고하게 하는 역할을 한다. 셜록과
왓슨으로 대표되는 영국의 추리 소설이 왜 유명한지가
새삼 떠올랐다. 괜히 유명해진 게 아니겠지.

150일, 세계의 일부분을
내게 가득 담은 시간

5개월 동안 11개의 나라를 여행한 기억은 처음엔
충격이었고 나중엔 내 안에 스며들었다. 다양성이라고
표현할 수 있을까? 그저 건물과 길, 언어가 달라서가
아니다. 행동, 습관, 문화, 그리고 가치관. '어떻게 이럴
수 있지?'라고 했던 모든 것들이 시간이 지나 그들을
조금씩 이해할수록 이렇게 살 수밖에 없는 상황들을
이해하게 됐다. 한국만 해도 지금 이 사회는 수많은
존재와 시간들의 합이 만든 것이 아닌가. 이 다양한 생각,
그 결과물 앞에서 난 이제 어떤 세계관으로 살아가야 할지
고민해야 했다. 직접 보지 않았다면 몰랐을 고민이었다.
그런 날들이 지금 내가 걷는 길을 결정하는 데 큰 영향을
끼쳤음은 두말할 것도 없다.

하지만 다시 돌이켜보면 그땐 너무 힘들었다. '왜 나는 이렇게 힘들게 여행해야 하는가'라는 의문을 수없이 품었다. 그 답은 수학처럼 그 자리에서 발견하는 것이 아니었다. 그때에는 절대 알 수 없었지만 시간이 지나게 되면 알 수 있는 것이 더 많다는 것도 알게 되었다. 그러니까 지금 여행을 떠나고 고민하는 시간을 겪으면 아주 작은 불빛이라도 보게 될 것이라고 나는 믿는다. 때로 현지인의 시각으로 살아보는 여행은, 어떤 책보다도 깊은 깨달음의 순간을 선사할 것이다.

영국 경찰 관찰자 일지

≫ **5:30 a.m.**

알람이 울린다. 오늘, Stevenage Police Station의 강력계 워비와 함께
경찰관의 하루를 관찰자(Obsever)로서 함께한다.

≫ **6:00 a.m.**

워비가 나를 데리러 오기로 했다. 준비를 마치고 밖으로 나가는데 새벽이고
가을이 깊어져서 그런지 평소보다 추위가 더 느껴진다. 시간에 맞춰 워비와
동료 짐이 함께 도착했다.

≫ **6:20 a.m.**

경찰서에 도착해서 사람들과 인사를 나누었다. 팀장 1명과 팀원 10명으로
구성된 검거 프로젝트 팀에 합류한다. 오늘 계획한 범인 2명을 검거하면
6개월 프로젝트가 끝나는 날이다.

≫ **6:45 a.m.**

BBC 방송국, 지역 방송사, 기자들 등 10여 명의 취재진들이 범인 검거
과정을 촬영, 기록하러 왔고 곧이어 팀장이 오늘 검거 과정을 설명해준다.

≫ **7:00 a.m.**

팀장이 10분 정도 스피치를 하고 나서, 총 4대의 차량에 취재진과 경찰들이
나눠 타고 15분 거리에 있는 1차 현장으로 이동. 2층짜리 다세대 주택의
모든 출입구를 봉쇄하고 장비를 챙겨서 2층 집으로 침투했다. 그러나 범인은
집에 없었고, 뒤쪽 문을 지키고 있던 여자 경찰관이 뒷마당에서 마리화나

냄새를 맡아 그곳에서 마리화나를 기르고 있다는 것을 알게 되었다. 범인을
잡는 것이 우선이기에 다음 예상 범인 장소로 이동한다.

≫ *7:40 a.m.*
2차 범인 검거 장소 도착. 4층짜리 다세대 주택에 침투했으나 집은 이미
쓰레기장이 연상될 정도로 더러웠고, 범인1은 이곳을 벗어난지 오래였다.
그러나 경찰에게 정보를 준 신고자가 근처의 다른 곳을 알려주었고, 5분 거리의
근처 개인 차고로 이동했다.

≫ *8:00 a.m.*
차고지 안에 숨어 살던 범인 검거. 6개월 동안 이어진 프로젝트에서 6명의
범인 중에 5번째 범인이 잡히는 순간이었다. 범인은 반항하지 않고 순순히
체포되었다.

≫ *8:30 a.m.*
마지막 범인2를 검거하기 위해 3차 장소로 이동. 주변 지형을 확인하고 모든
경찰들이 스탠바이하고 BBC 뉴스팀이 촬영하는 가운데, 집안으로 들어가
범인2가 있음을 확인한다. 경찰이 현장에서 바로 검거해. 경찰 차량에 태운 뒤
현장 조사를 마침과 동시에 모든 상황 종료.

≫ *8:45 a.m.*
6개월간 이어진 프로젝트가 모두 마무리되었다. 책임자의 뉴스 인터뷰를 끝으로
전원 복귀.

≫ *9:00 a.m.*
경찰서 증거 자료 및 범인 유치장 송치 완료.

ENGLAND

함께 자고,
먹고,
놀고,
일하며
살아보라

#글로벌 농활
#우프
#WWOOF
#영국 시골
#목동이 되어라
#말 타고 말똥 치우고

이동진 » 한계 » 영국

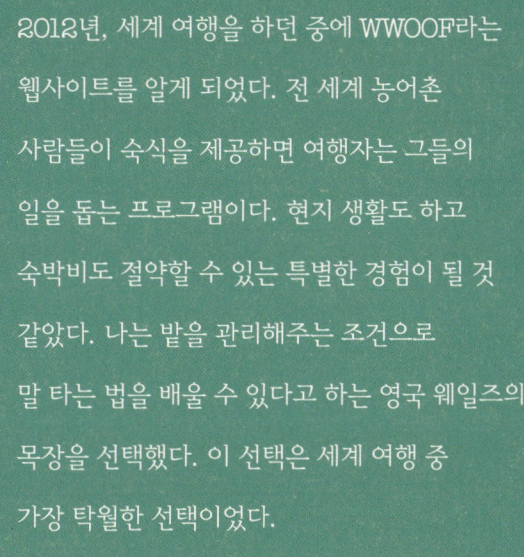

2012년, 세계 여행을 하던 중에 WWOOF라는
웹사이트를 알게 되었다. 전 세계 농어촌
사람들이 숙식을 제공하면 여행자는 그들의
일을 돕는 프로그램이다. 현지 생활도 하고
숙박비도 절약할 수 있는 특별한 경험이 될 것
같았다. 나는 밭을 관리해주는 조건으로
말 타는 법을 배울 수 있다고 하는 영국 웨일즈의
목장을 선택했다. 이 선택은 세계 여행 중
가장 탁월한 선택이었다.

어서 와,
영국 농장은 처음이지?

기차는 오후 4시 30분이 넘어서야 카마던^{Carmarthen} 역에
도착했다. 만화 『토마스와 기차들』에 나올 법한 시골 역에
앉아 잠시 먼 곳을 바라보고 있는데 한 아저씨가 내게
다가왔다.

"Dong Jin^{동진}?"

내 이름을 확인하더니, 내가 머물 농장의 주인 마틴이라고
말했다. 듬직하고 다정해 보이는 시골 아저씨였다. 마틴
아저씨와 함께 도착한 집과 목장은 내 상상을 뛰어넘었다.
입을 다물 수 없는 거대한 규모의 목장과 집이 2채나
있었다. 꿈에서나 상상했던 멋진 영국 집을 직접 보게
되다니! 벽돌로 된 1층 집에는 모든 생활용품이 다
구비되어 있었고, 내가 쓰게 될 방은 고급스러운 더블
침대에 화로, 소파 2개, 욕조와 샤워 시설이 완비된 욕실,
게다가 사우나까지 구비되어 있었다. 영국 농장에서의
생활이 드디어 시작되었다.

목장에서는 하루 1~2시간 정도 정원을 손질하는 일
외에는 거의 할 일이 없었다. 이 시간 외에는 집 주인에게
말 타는 법을 배우느라 하루가 다 갔다. 목장 일보다 말
타기가 더 중요해졌지만 아무래도 상관은 없어 보였다.

우리가 잊고 있던 진리,
말도 살아 있다!

처음 말을 탔던 날은 잊을 수가 없다. 주인아주머니
케이트는 가장 순한 흰색 말을 데리고 마구간 옆에
있는 훈련장으로 나갔다. 케이트의 시범을 보고 그대로
따라하다 보니 1시간이 훌쩍 흘렀다. 말을 타는 연습은
거의 매일 같은 방식으로 이뤄졌다. 말을 데리고 부드러운
모래가 깔리고 울타리가 쳐진 교육장으로 들어간다.
준비를 마치고 말에게 다가가 타려고 하면 몸이 살짝
떨린다. 눈을 감으니 말의 움직임이 더 잘 느껴지고 말의
숨소리마저 보이는 듯하다. 자동차와는 전혀 달랐다.
케이트가 가르쳐 준 것은, 말의 감정을 느끼고 이해하고
그 감정을 서로 교감하는 것.

"자! 이제 혼자서 말을 타봐.

천천히, 네가 원하는 방향으로 고삐를 움직이는 거야.

말에게 네가 주인이라는 것을 알려줘.

말이 마음대로 움직인다고 해서 내버려두지 말고,

네가 원하는 것을 말에게 정확하게 지시해.

단, 신사답게, 그리고 부드럽게 Please, Gentle!"

뭐라고 해야 할까, 이 감동을. 태어나 처음으로 혼자 말을
타본 순간이었다. 케이트의 가르침에 따르면 말을 탈 때
가장 중요한 것은 그 말을 탄 사람이 반드시 주인Leader이
되어야 한다는 것이다. 그렇지 않으면 말은 자기 마음대로
움직인다. 내가 나가는 방향은 말발굽이 아닌, 오로지 말
위에 앉아 있는 감각으로 맞추는 것이었다. 케이트는 말을
타기 위해서는 말을 이해하는 것부터 시작해야 한다고
했다. 내가 말을 조종하는 것이 아니라 말의 감정을 읽고
내 생각을 전하는 것 말이다.

이동진 » 한계 » 영국

내일을 기대하게 만드는 행복한 일상

오늘은 어제 하던 정원 일을 최대한 많이 끝내야겠다는
생각으로 작은 손수레를 끙끙대며 열심히 끌었다. 잡초
위에 볏짚을 흩뿌려서 잡초가 더 자라지 못하게 하고
그대로 거름이 되도록 했다. 내가 몸을 움직이는 만큼 뭔가
바뀌는 것을 보니까 뿌듯했다.

오후 3시, 어김없이 승마 교육을 마친 뒤 저녁 식사
준비를 하러 부엌으로 갔다. 오늘은 간장찜닭을
만들기로 결정했다. 한국에서 한 번도 만들어보지 않았던
음식이었지만 걱정할 필요가 없다. 인터넷을 뒤져서
조리법을 찾아내 완전히 대성공! 기대 이상으로 맛이
좋았다. 접시에 덜어서 식사를 시작했는데, 주인아저씨가
뭘 넣고 이렇게 만들었냐고 연신 물어본다. 이곳에서
요리를 하고 대접하면서 깨달았다. 요리사가 요리를 하는
게 아니라, 요리를 하는 사람이 요리사가 된다는 것을.

하루는 마구간 옆에 모아둔 말똥을 거름으로 주는
일을 했다. 작은 손수레에 말똥을 반쯤 채워서 말들이
뛰어 노는 필드를 지나 진흙탕을 3번 정도 지나면 정원
앞에 도착한다. 그곳에 규격대로 심어진 나무마다 기둥
테두리에 거름을 주는 일이다. 말똥을 옮기는 것은 힘이
많이 들지만 그것을 삽으로 퍼서 나무에 주는 일은
나름대로 재미있다. 이 나무들은 5년 정도 지나면 기둥이
내 팔뚝의 4배 정도로 자란다고 한다. 그러면 그 나무를
베어내고 새로운 묘목을 심는다. 5년이 흐른 뒤에 마틴과
케이트 부부는 내가 거름을 줬던 이 나무들로 장작불을
태우면서 나의 발자취를 느끼지 않을까라는 생각이
들었다. 저녁 식사 때 가족들과 2주간 생활하며 느낀
것들에 대해 이야기를 나누었다. 케이트와 마틴이 말했다.

"언제든지 다시 놀러와."

시간은 어김없이 흘러가지만 아쉬워할 것은 없다. 더 멋진
내일이 기다리기 때문이다.

지금 이 순간이 언제나
내 인생의 시작이다!

농장을 떠나기 전날 밤, 나는 일기를 썼다.

"내 나이 25살. 앞으로의 내 삶이 더 궁금해지고 기대가
된다. 내가 선택한 삶이니 기꺼이 살아가겠지만 앞으로
어떤 어려움이 오더라도 지금처럼 감사를 느끼면서,
'성장'이라는 이름으로 기꺼이 헤쳐 나갈 수 있었으면
좋겠다. 10년이 흐르고 지금의 나를 돌이켜 보았을 때,
정말 후회 없는 여행을 하면서 뜨거웠던 시간이었다고
말하길 기대해본다."

우프는 내가 생각했던 것 이상으로 좋았다. 일반적인
여행과 달리 어느 가정에 공식적으로 머물며 돈을 절약할
수 있고, 동시에 그 나라 사람의 삶을 직접 들여다보며
함께 호흡하는 체험들을 할 수 있었다. 마치 내가 그
지역에 오래 살았던 것처럼 느껴졌다. 여행을 가서 진짜
현지의 삶을 느끼고 싶다면, 한번쯤 우프를 체험해보길
권하고 싶다. 놀라운 사실은 한국에도 우프를 진행하는
곳이 제법 많다는 것이다.

여행 노트

○ **우프(WWOOF)란?**

World Wide Opportunities on Organic Farms, 혹은 Willing Workers on Organic Farms를 뜻한다. 두 가지 모두 유기농 농장에서 일할 기회를 얻는 프로그램이란 뜻이다. 농장에서 숙식을 제공받는 대신 일을 거들어주는 사람을 말한다.

○ **준비물**

• **우프 공식 사이트 :** www.wwoof.org
• **우프 코리아 카페 :** cafe.naver.com/wwoofkorea/
• **우프 이용 방법**

1. 아이디 등록
2. 등록비 납부
3. 사이트에 등록된 농장 주인과 이메일로 연락 후 최종 결정
4. 농장 방문 및 생활하기

○ 우프 Q & A

Q : 우프 비자가 따로 필요한가요?

A : 우프는 비자가 따로 필요 없습니다. 기본 개념이 '자원봉사'처럼 대가없이 도움을 주는 것입니다. 따라서 정식 취업으로 인정하지 않습니다.

Q : 얼마나 오래 머물 수 있나요?

A : 짧게는 1주일에서 길게는 3개월까지 한 곳에서 체류할 수 있습니다.

Q : 보통 며칠, 하루에 몇 시간 일하죠?

A : 농장마다 다릅니다. 하지만 WWOOF를 운영하는 나라들은 대개 주 5일 근무가 일반화되어 있어서 주말에는 쉽니다. 하루에 일하는 시간도 농장마다 다르지만 5시간 내외라고 알려져 있습니다.

Q : 농장을 선택하는 데 주의할 점은 뭘까요?

A : 획일적으로 좋다, 나쁘다 평가할 수는 없지만 질 나쁜 농장에 가게 될 수도 있습니다. 그동안 우프를 경험한 주변 친구들의 경험담에 의하면 선택할 때 몇 가지 노하우는 있습니다. 우선 가족이 운영하는 농장, 특히 아이들이 함께 살고 있는 농장이 더 낫습니다. 가족적인 분위기에서는 외로움이나 낯선 느낌을 덜 받을 수 있습니다. 그리고 우프 메이트를 한 명만 모집하거나 너무 대규모로 모집하는 곳은 피하는 것이 좋습니다. 노동력을 착취당하기 쉽기 때문입니다.

MONGOLIA

말 달리자,
취업 준비생의
졸업 준비 프로젝트

#영화 『고삐』
#주인공은 말
#말도둑
#말 타고 몽골 횡단
#뜬금없는 연결고리

이동진 » 한계 » 몽골

20대도 후반이 되었다. 대학 졸업을 앞둔 시점, 미래에 대한 결정을 해야 된다는 압박감이 생겼다. 여행, 프로젝트, 학교 생활, 대외 활동 등 다양한 경험을 했지만 그 자체가 삶의 어떤 방향을 확실하게 결정지어주지 못했다. 대학 졸업과 동시에 사회로 첫 발걸음을 떼는 이 순간에 난 아무 준비가 안 된 것처럼 느껴졌다. 그렇다면 준비를 해야지. 자체 졸업 프로젝트를 하기로 했다. 내가 진정으로 뭘 원하는지 나 스스로에게 묻고 대답을 듣고 싶었다. 뜬금없어 보이지만, 몽골에 가서 말을 타고 칭기즈칸처럼 달리다 보면 그 해답을 찾을 수 있을 것이라고 생각했다. 그래서 나는 몽골로 떠나기로 했다.

말 타고 몽골을 달리며
영화를 찍어 보자!

전국의 고등학생들이 대부분 그렇듯 나의 대학 진학은
수동적이었다. 성적에 맞춰 입학했으며 전공은 내 적성과
맞지 않았다. 대학 4년에 또 4년이란 시간을 휴학하고
드디어 졸업을 앞두었을 때, 나는 결정해야 했다. 어릴 적
꿈을 따라갈 것인가, 새로운 길을 찾을 것인가.
나의 어릴 적 꿈은 조종사였다. 하지만 조종사와 관계없는
학과를 전공했으니, 이제 와서 졸업 후에 조종사가 되는
공부를 시작하는 것은 어려워 보였다. 그럼에도 꼭 한 번은
도전하고 싶은 마음이 있었다. 전공을 포기하는 것은 별로
어렵지 않았다. 대학에서 전공을 했다는 이유로 남은 인생을
그 분야의 사람으로 살아야 된다는 것은 비논리적으로
느껴졌다. 하지만 망설여졌다. 이걸 할지 말지를 결정하고
싶었다. 나는 지금 내가 처한 환경을 벗어나서 그 답을
찾기로 했다. 마침 전공 수업을 거의 다 들었던 4학년의
마지막 학기는 내게 주어진 마지막 기회였다.

"몽골로 가자. 몽골에 가서 드넓은 대초원을
칭기즈칸처럼 누비며 내가 정말 찾고자 한 것을
내 안에서 꺼낼 것이다."

떠나기로 했으니 어떤 방식으로 그곳에서 나를 찾을지
고민했다. 난 칭기즈칸처럼 몽골에서 말을 타고 동쪽
가장 끝에서 서쪽 끝까지 횡단하기로 했다. 그리고 그
모든 과정을 영화로 찍어보기로 했다. 참 뜬금없지만, 꼭
그런 것만은 아니었다. 내 인생의 경험을 기록해 둔다면
누군가에게는 그것이 인생의 전환점으로 전해질 수도
있을 것이라고 생각했다. 특히 나처럼 대학 졸업을 앞둔
20대 뿐만 아니라 10대나 30, 40대 중에서도 자신의 길에
대해 고민하는 사람들이 있다면 보탬이 되었으면 했다.
이렇게 시작된 졸업 프로젝트에는 감독 2명, 사진작가 1명,
횡단 동반자 1명이 동행했다. 우리에게는 저마다 떠나야만
하는 이유들이 있었고, 서로 다른 목표와 공동의 같은
목표를 가지고 몽골 가장 끝 초이발산으로 떠났다.

아침에 눈을 떠보니 눈이
15m나 쌓여 있었다,
손발이 동상에 걸릴 듯
추웠지만 우리의 의지를
꺾을 순 없었다.

이동진 » 한계 » 몽골

낯선 땅,
모든 것이 첫 번째인 경험

그저 '나는 할 수 있다'는 패기, 어쩌면 오기와 무모함을
믿고 몽골까지 왔다. 그래서인지 몽골에서는 모든 것이
어려웠다. 시작부터 과정, 결말까지 굽이굽이 고난이었다.
도착하자마자 조언자로 믿었던 몽골 지인에게
사기를 당하면서 시련은 시작됐다. 말은 안 통하지만
손짓발짓으로 물어물어 겨우 차를 빌려 동쪽 끝 마을까지
갔다. 말을 타러 왔으니 우선 말을 구해야 했으므로,
유목민을 통해 말 2마리를 샀다.

이곳의 말들은 모두 야생마였다. 길들여지지 않은 몽골의
말이 너무 두려워서 아침이 되는 것이 무서울 정도였다.
그래도 도전은 해야 했다. 도망칠 순 없었다. 매일 말에
매달리다시피 하면서 8시간씩 말을 탔다. 어떤 날은
80km까지 달리기도 했으며, 몇 번 새로운 말로 바꿔가며

횡단을 이어나갔다. 그렇게 말과 거의 24시간을 붙어
있다 보니 어느 순간 정말 말과 하나가 된다는 느낌이
뭔지 깨달았다. 이제는 땅보다 말 위에 있을 때가 더
편하게 느껴졌다.

나와 함께 2,000km를 달렸던 말 듬직이. 가족처럼 가까워져 지금도 그립다.

말을 잃었다, 찾았다,
기적이 일어났다

그날은 지금까지도 기억에 남는 날이다. 새벽, 현지
일행인 몽골인 아저씨가 소리를 치면서 우리를 깨웠다.
말이 없어졌다는 것이다. 이 프로젝트의 주인공인 말이
없어지다니! 마른하늘에 날벼락, 그 말이 우리들의 심장에
꽂힌 순간이었다.

말은 꼭 찾아야했다. 그러나 이 드넓은 몽골 대륙에서
다 비슷해 보이는 수많은 말들 중에서 우리의 말을
찾기란, 사막에서 김 서방네 낙타 찾는 것과 다름없었다.
그래도 찾아야 했다. 허둥지둥하다가 하루가 갔다.
다음날, 주변을 탐문하며 경찰서에 가서 협조 요청을
했지만 아무 수확이 없었다. 그러다 가장 가까이에
있는 게르(몽골인의 전통 가옥)에 사는 유목민이 의심스럽기
시작했다. 우리가 말을 잃어버렸다고 하니 본인도
잃어버렸다고 하고, 말을 찾고 있는 우리에게 웃으면서
농담을 하는 것도 이상했다. 심증은 가지만 물증이 없자
우리는 작전을 구사했다. 우선 마을 사람들에게 소문을

퍼트렸다. 우리는 한국과 몽골의 공동 프로젝트 중인데,
누군가 이 중요한 말을 훔쳐갔으니 울란바토르에 가서
특수 경찰들을 데리고 와서라도 범인을 잡아내겠다고
했다. 실제로 경찰들은 말을 절대 찾을 수 없을 거라고,
범인을 잡으려면 시간이 얼마나 걸릴지도 알 수 없을
것이라고 했다. 드넓은 이 지역을 지키는 경찰이 불과
1명이라는 얘기를 듣고 우리는 그 말이 무슨 말인지
깨닫게 되었다. 게다가 말을 잡아서 고기로 팔아버리면
절대 찾을 수 없게 되는 것은 당연했다.

하지만 포기할 순 없었다. 일단 우리는 마을 사람들에게
경찰들과 돌아온다고 소문을 내고, 실제로 울란바토르의
한국 대사관에 있는 영사님을 만나러 갔다. 영사님께서는
수많은 사건들을 경험했지만, 말을 도둑맞았다고 찾아온
경우는 처음이라며 난색을 표하셨다. 이때쯤엔 우리도
절망적이었다. 희망이 없어 보였다. 그런데 '아무것도 하지
않으면 아무것도 일어나지 않는다'는 말처럼, 놀라운 일은
일어났다. 말을 잃어버렸던 동네의 경찰서에서 말 2마리를
찾았다며 전화가 왔다. 우리는 다시 차를 끌고 500km를
달려가 말을 만났다. 그리고 다시 횡단을 이어갔다.

마지막 마을 얼기에 도착했다. 말을 타고 2,500km, 서울부터 부산까지의 5배가 넘는 거리를 꼬박 말을 타고 달렸다. 말을 타고 대륙을 횡단한다는 것은 조선 시대에나 있을 법한 일이라고, 우리끼리도 농담 삼아 얘기하곤 했다. 여전히 말을 기르고 그 말을 타고 다니는 일이 일상생활인 몽골인들조차 이런 이야기를 들어본 적이 없다며, 우리를 국영 방송에 초대해 인터뷰를 진행하기도 했다.

낯선 도전이
미래를 꿈꾸게 하는 힘을 주다

내가 몽골을 떠났던 목적, 미래에 대한 해답은 어떻게
되었을까. 몽골에서 생활한 지 50일 정도 되었을 때,
그날도 역시 말을 타고 질주를 하고 있었다. 이상하리만큼
햇살이 따뜻해서 윗옷을 벗고 달렸다. 따뜻한 햇살과
시원한 바람이 온몸으로 느껴졌다. 그리고 달리는 말의
심장 소리와 말발굽 소리가 나를 감싸 안았다. 그 순간,
나는 느꼈다.

지금 내가 살아있구나.
온전하게 '이동진'으로 살아있구나.
바로 이렇게 살아야 하는 거구나!

정말 믿기 힘들 정도로 놀랍고 벅찬 기분이었다.
해답은 거기에 있었다. 내 가슴을 뛰게 하는 그 무엇,
그것을 이루기 위해서 현실을 뛰어 넘을 수 있는 용기와
태도가 필요했다. 서울로 돌아온 나는 15년간 꿈만
꿔왔던 파일럿이 되기로 결심했다. 이런 결정을 내릴

수 있다는 자체만으로도 행복했다. 그리고 내가 정말
원하는 꿈을 위해 2016년 9월, 미국 비행학교로 떠났다.
전공을 바꾼다고 잘못되는 일은 없었다. 대학 졸업 또한
내 인생의 엄청난 순간이 아닌 하나의 단계일 뿐이었다.
모든 것이 끝없는 연결임을 이제는 알고 있다. 몽골로
향한 결정과 도전은 내 인생을 완전히 다른 길로 접어들게
했다. 전혀 상관없어 보였던 몽골 횡단, 영화 제작이
지금의 조종사가 되는 길을 걷게 해주었다. 가슴이 시키는
대로 따른다고 꼭 원하는 것을 찾는 것은 아니다. 하지만
따르지 않을 이유도 없지 않은가.

여행 노트

○ **여행 루트**

몽골 최동쪽 초이발산 – 최서쪽 얼기 (2,500km)

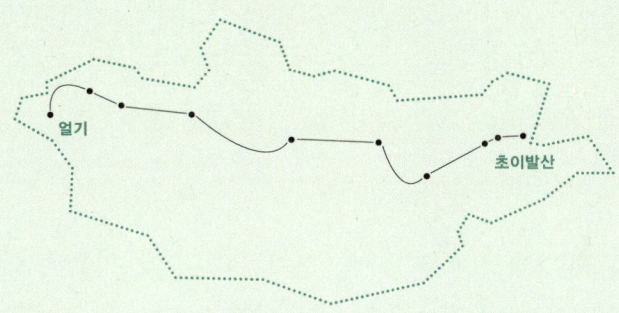

○ **준비 시간** 4개월

○ **팀원**

• 말 횡단자 – 권재웅, 이동진

• 영화감독 – 강정우, 이대환

• 사진작가 – 이민성

○ **준비물**

여름부터 겨울까지의 의류 및 텐트, 침낭, 테이블 등 아웃도어용품

○ **비자**

몽골 관광 단수 비자

○ **예산** 2,500만 원

keyword

심장박동

writer

윤승철

보통 사람들은 왜 하필 거기로 가는지 이해하기 어려운 곳들만
찾아 떠나는 여행가들이 있다. 사막, 남극, 무인도, 아이슬란드.
게다가 이런 곳들을 편하지도 않은 마라톤, 트레킹 등으로
종횡무진 누비는 여행가.
윤승철 작가는 지구상의 작은 틈새를 찾아 깃발을 꽂는 묘한
취미라도 가진 듯하다. 그가 냉정과 열정 사이를 오가는 여행을
계속하는 이유는 우리의 삶이 그런 식으로 단련되기 때문은
아닐까. 뜨겁다가 차가워지곤 하는 인생. 그 안에서 삶의 이유와
희망을 찾는 여행을 떠나본다. 척박하고 황량해 보이지만,
아주 크게 심장 소리를 들을 수 있는 곳으로.

모래 언덕에서 발견한
삶의 희망

윤승철 » 심장박동 » 사막

사막을 달리는 것. 그것은 내가 스스로에게 던진 도전이었다.

사막. 그곳은 모래가 만들어낸 무수한 언덕이 조형물처럼 수놓은 곳,

세상과 단절된 벽이었다. 난 사막에 아무것도 없는 것이 좋았다.

부러웠다. '아무것도'라는 말을 붙일 수 있는 것이 사막이어서 좋았고,

'없다'라는 말을 붙이는 것이 자연스러운 곳이라 좋았다.

지금 이 시간, 나의 주변엔 너무 많은 것들이 어디에나 있다.

그렇다면 반대로 아무것도 없는 곳은 무엇일까. 생각할수록 사막이었다.

1

언제부턴가 이 바쁘고 정신없는 일상을 그저 다 잊고, 밤이면 별이 뜨고 낮이면
해가 뜨는 일만 되풀이되는 작은 행성 속에 잠시 다녀오고 싶은 마음이 들었다.
사막이 등장하는 시나 소설은 대부분 고리타분했다. 절망적이고 고독한
주인공이 등장해 약간의 상상과 신기루를 말하는 장면을 떠올리는 것은 그
자체로도 사막보다 더 고요하고 척박했다. 그것이 맞는지 확인하고 싶었다는
것도 맞겠다.

중학교 때 난 교통사고로 다리를 다쳤다. 발목뼈가 으스러지고 정강이뼈가
부러졌다. 의사가 어쩌면 다시는 못 걸을 수 있다고 할 정도로 심각한
부상이었고, 오랜 입원 생활과 재활 치료가 필요했다. 4개월 간 입원하고
다시 깁스하고 목발을 짚은 채로 3개월을 더 보내는 동안 난 '왜 살아야
하는지'를 심각하게 고민했다. 그 시간 동안 날 위로한 것은 생텍쥐페리의
소설 『어린왕자』였다. 황량한 사막에 뚝 떨어진 어린왕자의 이야기를 읽고
또 읽다가 문득, 살고 싶어졌다. 이때부터 사막에 가면 소설이나 시를 쓸 수

있을지 모른다는 생각을 했다. 사막하면 별과 모래와 장미와 여우가 떠오르는 나에게, 사막은 더 이상 척박한 땅이 아닌 삶의 희망이나 의지가 돋아나는 곳이었다. 실제로 그곳은 모래 저마다의 끈끈한 힘줄이 모여 이루어진 곳이었다.

사막에 반한 다음부터 사막에 갈 방법을 알아봤다. 혼자서 사막을 횡단하는 것은 매우 어려웠다. 대사관에서도, 사막과 관련된 어떠한 기관에서도 개인이 혼자 사막을 건너는 일은 너무 위험해서 도울 수 없다고 했다. 그렇게 사막은 잠시 내 삶에서 잊혔다.

2

사막을 건너는 여행의 시작은 우연에 가까웠다. 대학 1학년 때, 소설의 소재를 찾다가 우연히 한 남자가 사막을 달리는 사진을 보게 됐다. 사진 속, 아무것도 없는 모래를 배경으로 달리는 한 남자의 발이 그렇게 멋있을 수가 없었다. 한 남자가 사막을 달리는 이 사진 한 장이 내 인생을 바꾸었다. 사막 마라톤이었다.

중학교 때 다리를 다친 이후 10km 이상을 걷거나 뛴 적 없던 내가 사막을 달리는 것은, 그것도 발이 모래 속으로 푹푹 빠지는 사막에서 250km를 가는 것은 불가능에 가까웠다. 그러므로 애초에 완주할 생각은 없었다. 그저 일주일이라는 마라톤 일정 내내 사막을 온몸으로 느끼고 올 생각이었다. 마라토너들의 몸 상태를 체크하고 응급처치를 할 수 있는 의사가 늘 함께 하고, 주최 측이 마련한 여러 안전장치가 있어서 확실히 위험 부담이 덜했다. 그렇게 시작된 사막 마라톤에 도전한 1년 반 동안 사막 5곳을 달렸고, 난 세계 최연소 사막 마라톤 그랜드슬램을 달성했다.

3

사막을 마라톤으로 횡단하며 온몸으로 느껴본다는 이 멋진 계획에 또
한 가지 걸림돌이 있었으니 바로 380만 원에 달하는 참가비였다. 항공권과
각종 장비를 마련하려니 대략 700만 원 정도가 필요했다. 사실은 비용이
이렇게 많이 드는지 미처 몰랐다. 대회 한 달 전, 참가 접수를 하려 홈페이지에
접속했을 때야 알았는데, 이미 아르바이트로 돈을 준비하기는 어려운
시점이었다. 급한 대로 부모님께서 마련해 주신 보증금 1,000만 원짜리 원룸을
몰래 내놓았다. 꿈을 위해서 잠시 빌리는 것이라 혼자 생각했다. 보증금으로
참가비를 내고 비행기 표를 산 다음, 월세 18만 원짜리 옥탑방으로 이사를
갔다. 10월에 대회에 참가하고 돌아온 후, 11월부터 2월까지 아르바이트를
해서 다시 보증금을 모아보겠다는 생각이었다.

그렇게 이사한 옥탑방에서 우연히 '우리 기업이 원하는 인재상'이라는 신문
기사를 보게 됐다.

각 회사의 인사 담당자들은 '도전', '열정', '청춘', '패기', '실패', '끈기' 등으로
상징되는 인재를 원한다는 내용. 문득 '이런 회사에 후원을 요청해보면 되지
않을까?'라는 생각이 스쳤다. 교통사고로 다친 다리, 보증금 1,000만 원을
빼서 옥탑방으로 나온 것은 나름의 도전이고 실패이자 끈기며 패기가 아닐까.

이날 난 난생 처음으로 '제안서'라는 것을 썼다. 20페이지가 넘는 제안서를
30군데에 보냈다가 모두 거절당했다. 낙담하려던 찰나, 어느 회사의 홍보
담당자께서 후원은 어렵지만 개인적으로 제안서를 고쳐주시겠다며 아예
1장으로 압축 정리해주셨다. 다시 용기를 얻어 100여 군데가 넘는 곳에 후원을
요청했고, 참가비와 경비, 항공료, 장비 일체를 후원받을 수 있었다. 모든 것이
처음이라 서툴고 미숙했지만 쉽게 포기할 수 없었다. 그래서 결국, 스물 셋의
나는 사막으로 갈 수 있었다.

4

세계에서 가장 뜨거운 사하라 사막, 가장 바람이 많이 분다는 고비 사막,
가장 건조한 칠레의 아타카마 사막(지구가 생긴 뒤로 비가 한 번도 안 내렸던 지역이 있다),
가장 추운 남극 대륙(연간 강수량이 250mm 이하이므로 사막기후대에 속한다). 이 4곳을
차례로 다녀오는 것이 사막 마라톤이다.

이 사막을 모두 다녀오는 데 든 비용은 총 4,000만 원이었다. 처음엔
제안서를 써서 후원을 받았고, 나중엔 '크라우드 펀딩' 프로젝트를 했다.
크라우드 펀딩 온라인 홈페이지를 통해 후원을 모집하는 것인데,
나의 프로젝트는 펀딩이 끝났을 때 약 2,000만 원이 모였다.

이 프로젝트를 온라인에 올리고 시작한 다음날, 낯선 전화를 한 통
받았다. 상대방은 대뜸 "윤승철 군이 맞느냐, 계좌번호를 불러 달라"고
했다. 보이스피싱인가 싶어 "누구신지요?"라고 물었더니, 어느 회사의
회장님이셨다. 회장님이 직접 전화한 이유는 당시 내 펀딩은 후원 최대

금액이 10만 원이었는데 200만 원을 후원하고 싶어서였다. "내가 10만 원을 20번이나 클릭하고 인증번호를 또 일일이 확인해야겠나, 명색이 회장인데." 이러시고는 단번에 후원금을 보내주셨다. 그리고 바로 다음 날, 또 다른 회사의 사장님에게서 한번 만나자는 연락이 왔다. 사장님과 만나 많은 이야기를 나누고 일어나는데 봉투를 하나 주시는 것이 아닌가. 사무실을 나와 봉투를 열었더니 깜짝 놀랄 만한 액수가 들어 있었다. 너무 놀라 다시 회사로 돌아가 사장님을 찾아갔다.

"제가 누군지도 모르시고 만난 적도 없으신데 뭘 믿고 이렇게 큰 금액을 덜컥 주십니까? 완주에 실패를 하거나 나쁜 용도로 쓰거나 대회에 출전조차 안 할 수도 있는데요."

"아니, 이렇게 참신하고 번뜩이는 아이디어를 가진 청년이라면 그 돈이 어디에 쓰여도 괜찮을 것 같네."

세상엔 정말 사막 어딘가에 있을 오아시스처럼 한 줌의 희망이 숨어 있는 것이 아닐까. 막막한 순간을 밝히는 별빛처럼, 등대처럼.

5

처음엔 사막 완주가 목표가 아니었다. 그런데 걷고 또 걷고, 뛰고 또 뛰다
보니 나도 모르게 알 수 없는 힘에 이끌려 골인 지점까지 와 있었다. 사막을
건너는 의미는 저마다 다를 것이다. 나에게는, 결코 편하지 않은 내 두 발로
그 험한 사막을 직접 건넌다는 것이 아닐까 싶다.

사막을 함께 건너는 마라토너들 중에서 쿠웨이트의 어느 석유 회사 재벌
아들을 만났다. 난 그에게 왜 요트를 타고 지중해에 있지 않고 여기서 이
고생을 하느냐고 물었다. 대답은 다소 충격적이었다.

"윤, 나는 네가 생각하는 그런 곳은 다 가 봤고, 먹고 싶어 하는 거 다 먹어 봤고,
해보고 싶은 건 다 해봤어. 돈만 있으면 남들이 데려다 주고 만들어 준다고.
그런데 이건(사막 마라톤) 아니더라. 내가 직접 준비하고 움직이지 않으면 안 되더라고."

그 친구는 자기 스스로 하는 일상이 어떤 것인지를 조금이나마 느꼈을까?
아픈 아들과 딸에게 아빠의 의지를 보여주기 위해 늘 두 자식의 사진을 품에
안고 뛰는 사람, 발에 물집이 생기고 봉소염으로 혈관을 타고 균이 오르는데도
소독약에 수술용 장갑을 발에 끼고 달리는 사람도 있었다.
나 역시 진통제를 얼마나 먹었는지 모른다. 그 어떤 것도 쉽지 않았던 이 길을
한 번 달려보겠다는 생각을 했던 것 자체가 도전의 시작이었는지 모른다.

그 뒤로 지금까지 난 10여 곳이 넘는 사막을 다녀왔다. 자동차, 낙타,
기차를 타고 모래 언덕을 밟았다. 오만 와히바 사막, 중국 타클라마칸 사막,
우즈베키스탄 카라쿰 사막, 페루 파라스카 사막, 인도 자히살메르 사막,
멕시코 사막. 그리고 사하라와 칠레 아타카마, 고비 사막을 달렸다.
사막을 내 온몸으로 느끼고 싶어서. 그것으로도 충분하다. 나에게 사막은
존재만으로도 세상이 덜컥 다가오는 것이다. 크고 둔탁한 세상이 물기를
빼고 담담히 쌓여있으니 나는 그 앞에서 차마 탁해질 수 없었다.

윤승철 » 심장박동 » 남극

생명이 살 수 없을 것 같은 겨울이 되면 나는 늘 세계가 종말을 맞이한다는 느낌을 받곤 했다. 이 겨울이 계속되면, 이 눈보라가 계속되면, 지구는 얼어붙은 땅이 되어 서서히 모든 대륙이 침체되지 않을까. 다행히 시간은 우리 편인지, 겨울에게 그리 긴 시간을 허락하지 않아 다시금 봄이 오곤 했다. 남극은 내가 늘 구상하던 지구 종말이라는 대서사시의 결말이었다. 가늠할 수 없을 정도로 긴 시간 동안 쌓인 눈, 썰매가 달릴 정도로 꽁꽁 언 빙하, 얼마간을 정성스럽게 파내야만 나오는 흙이 숨겨진 곳. 이곳이 내가 사는 지구가 맞는가를 생각해보는 곳이니 말이다.

ANTARCTICA

지구 끝에서의 만남,
그것으로 족한 것

1

어느 책에선가, 한 남자가 배낭여행자들에게 이렇게 묻고 다녔다.
가장 가보고 싶은 곳, 그리고 가장 마지막으로 가고 싶은 곳이 어디냐고.
전 세계를 두루 다닌 여행자들의 입에서 나온 대답은 바로 남극. 아마도 쉽게
가볼 수 없기 때문에 생기는 신비로움과 낯선 느낌이 주된 이유일 것이다.
나도 마찬가지였다. 남극, 혹은 북극은 세계 여행의 마지막 보루 같은
곳이어야 했다. 거길 다녀오면 이 세상의 끝을 만났다고 인정할 수 있을까.

하지만 남극에 다녀온 지금, 난 다시 남극에 가야 한다. 얼음 대륙에서 만난
이들을 보러. 세상 가장 춥고 외로운 곳에서 혹독하게 살아가는 생명들에
대한 경외심이라 해야 할까 그런 것들이 가슴 깊이 자리 잡았다.

남극 여행이란 지구의 끝, 세상의 마지막 곳에서 생명이 뿌리를 내리고 숨을
쉬는 것을 보기 위한 여정이었다고도 할 수 있겠다. 사라짐이나 없어지는
것에 관심이 많은 나는 말 그대로 남쪽 끝 극지방에서 사는 생명체의 호흡을
느끼고 싶었나 보다. 우리나라에서 마지막 하나 남은 성냥 공장이나 일본의
어느 폐쇄 직전 기차역을 찾아갔던 것도 그런 맥락이었던 것 같다.

2

남극에 가는 일은 예상했던 대로 만만치 않았다. 개인적으로 가려면 상상
외로 비용과 시간이 많이 든다. 워낙 기상 상황이 예측 불가능한 곳이라
예정보다 더 긴 시간을 충분히 확보해 두어야 한다. 그러다 보니 나는 몇 년
전부터 최소한 2주 정도 시간을 내서 남극 대륙으로 갈 기회를 호시탐탐
노리기만 했다.

그러다 2012년 겨울, 남극 마라톤이 있다는 것을 알게 되었다. 250km라는
긴 거리, 얼어붙은 땅을 달리는 마라톤. 오지, 극지, 사막을 달리는 마라톤
중에서도 남극 마라톤은 험난하고 도전적인 코스여서 2년에 한 번씩 열리고
있었다. 스물셋의 나는 거침없이 도전장을 내밀었다. 이미 사하라, 아타카마,
고비 사막도 잘 달려왔지 않은가. 미지의 대륙에 대한 도전이자 평소 가보고
싶었던 남극의 생명체들을 두 눈으로 볼 수 있는 기회였다. 지구의 끝, 그 외딴
극지에서 250km를 달려야 한다는 사실은 잊은 채 남극에 간다는 것만으로도
가슴이 벅차서 잠을 못잘 정도였다.

허벅지까지 푹푹 빠지는 흰 눈밭과 위험한 얼음 덩어리들의 유영, 고고한
빙산, 해표, 펭귄들의 행진. 영화에서만 보던 새하얗고 투명한 빙하들이
있는 곳이라니. 출국 날짜가 다가오고 있었지만 남극에 간다는 사실을
믿을 수 없는 나날의 연속이었다. 남극으로 가는 시간은 길고도 고단했다.
국제선과 국내선 비행기를 5번 갈아타고 배를 3일 동안이나 타고서야 남극에
도착했을 땐 이미 한국에서 출발한지 5일이나 지난 뒤였다. 밴쿠버와 토론토,
산티아고를 경유해 아르헨티나로 입국, 우수아이아라는 최남단 도시로
가면서 이미 기운이 빠졌는데, 또 배를 타고 3일을 더 간다니! 어쩌면 남극으로
가는 이 여정부터 도전일지도 모른다는 생각을 했다.

3

남극은 이제껏 내 눈으로 본 것과는 완전히 다른 세계였다. 그곳으로 향하는 배에서 나는 처음으로 줌 기능이 있는 좋은 카메라 렌즈를 가져왔으면 하는 후회가 들었다. 그저 바다와 흰 유빙만 이어져서 심심하다 싶은 풍경 속에서 갑자기 멀리에 한 점처럼 생명체들이 등장할 때, 그 순간들이 너무나 아름다워서였다. 더 가까이 보고 싶었다.

하루는 배 전체에 방송이 나왔다. 멀리 범고래 떼들이 파도를 가르며 헤엄치고 있다는 방송이었다. 먹이를 잡으러 물고기 떼를 쫓는 것이라 했다. 밖으로 나가 보니, 고래 수십 마리가 중간 중간 둥둥 떠 있는 유빙 사이를 거침없이 달리는 모습에 사람들은 연신 셔터를 눌렀다. 또 다음날은 거대한 혹등고래가 배 우측에서 다가오고 있다는 방송이 나왔다. 배 길이만큼 거대한 고래는 수면 바로 아래에서 배를 향해 다가오고 있었다. 고래는 점점 배에 가까이 와서 배가 나가는 방향과 수직으로, 오른쪽에서 왼쪽으로 헤엄쳐 지나갔다. 모두 추위도 잊은 채 경이로운 그 장면을 멍하니 바라보고 있었다. 고래는 수면 아래를 얕게 헤엄쳐 지났다. 그래서 배 위에서 보는 고래의 등은 깊이를 알 수 없는 물색과는 달리 밝은 크리스털 색을 띠고 있었다.

4

세상의 끝이라는 남극의 이미지는 다행히도 펭귄이 있어 그리 절망적이지는
않다. 남극 대륙으로 가까이 갈수록 점점 빙하의 크기가 커지더니 조각난
빙하 위에 서 있는 펭귄이 나타나기 시작했다. 수영을 하다가 잠시 몸을 뉘일
공간을 찾으려 점프해 올라온 듯 했다. 머리 전체가 검은 아델리 펭귄,
턱 아래로 끈이 연결된 모자를 쓴 것처럼 보여 경찰 펭귄이라는 별명이 있는
턱끈 펭귄까지 남극의 펭귄들은 종류에 따라 크기도 모습도 조금씩 달랐다.

펭귄들은 사람이 가만히 있으면 호기심이 생겨 이내 가까이 모여들어 나를
둘러싼다. 그러다 사람이 조금만 움직이면 짧은 다리로 뒤뚱거리며 도망가는
모습이 앙증맞았다. 물론 생각보다 냄새도 많이 나고 울음소리가 꽤나
시끄러워 밤엔 텐트에서 잠을 설친 기억도 있지만.

남극 대륙은 주인이 없다. 전 세계가 국제 조약을 맺었고, 정해진 협약에
따라 허가를 받아야 갈 수 있다. 마드리드 의정서, 남극 조약 등 국제 협정에
따른 '남극활동 허가서'를 받아서 외교부에 신청을 해야 한다. 주된 내용은
남극 방문 이유와 자연환경 및 생태계에 해를 끼치지 않는다는 것. 따라서
펭귄이 귀엽다고 만지거나 남극에 사는 동식물의 자연 법칙에 인간이 함부로
관여해서는 안 된다.

나도 바다 위 빙산 조각에서 해표에게 반쯤 물어뜯기고 있는 펭귄을 보았을 때
도와줘야 하나 말아야 하나 고민했었다. 해표들로서는 생존을 위한 본능이자
당연한 일이지만, 측은함과 동정심이 밀려왔다. 그러나 내가 할 수 있는 일은
없었다. 시체를 치우는 것조차 영역 밖의 일이다. 함께 그 광경을 보았던
사람들도 마찬가지였다. 자연의 법칙을 인간이 거스를 순 없는 일이었다.

순백의 얼음 대륙에서는 치열한 생존과 야생이 없으리라 생각했던 것인지
모른다. 내가 남극에 온 것이 일종의 호기심이라면 이곳에서 생명체들이
살아가는 모습을 지켜보는 것은 생각지 못한 도전이었다.

6

거대한 고래가 배 아래를 지나가고, 또 어떤 고래는 우리가 탄 배와 같은 방향으로 나아가며 호위하듯 헤엄쳤다. 인간들은 그걸 보면서 탄성을 지르고 감동하지만, 떼를 지어 먹이를 쫓는 고래의 습성상 그 행동은 그저 평범한 일상인지 모른다. 펭귄들은 먹이를 구하러 바다에 몸을 던지고, 해표는 배가 고파 그 펭귄을 잡아먹는다.

미처 생각지도 못했던 이런 광경들을 보고 정신이 번쩍 들었던 이유는 대자연이 주는 신비함과 동시에 평화로운 모습만을 상상했던 곳에서 혹독한 생존의 법칙을 발견해서였다. 남극에서 생명체들의 치열한 모습을 보는 것이 낯설었다. 여기에서 우리는 어떤 생명체도 만지거나 내쫓을 권한도, 귀엽다고 보듬어줄 권한도 없었다. 남극 생태계에서 나를 포함한 인간은 그저 하나의 자연물이자 방관자여야만 했다.

한동안, 아니 어쩌면 한 번도 생각해보지 않았던 자연물로서의 인간, 그리고 나에 대해 떠올리게 할 수 있는 곳이 남극이었다. 그런 한 인간의 고민을 아는지 모르는지 남극의 공기는 너무나도 맑았다. 먼지 하나 없는 하늘 아래로 자외선이 내리쬈다. 지구라는 생태계와 대자연을 생각하는 사이, 인간도 하나의 자연물이나 동물에 불과하다는 생각을 하는 사이 여과 없이 내리쬐는 태양에 얼굴이 익어가고 있었다.

외로움, 혹은 두려움이 대롱대롱 매달린 것이 섬이라 생각했다.

수평선 너머로 계속 나간다면 폭포 아래로 떨어져 알 수 없는

세상으로 간다고 생각했던 중세 유럽인처럼 저 수평선 너머엔

또 다른 세계가 있다고 나는 여전히 믿는다. 실제로 그렇다.

수평선을 갱신하고 갱신하다 보면 낯선 세계, 낯선 문화가 있는

나라를 만나게 되니 그 생각이 완전히 틀렸다고는 말할 수 없다.

그 세상 끝으로 가는 길목에 섬들이 있다. 섬에 도착하면

수평선까진 아니더라도 그 앞 어딘가에 다른 섬이 있길 바란다.

그래야 조금이라도 덜 외롭고 덜 두려우니까.

DESERT ISLAND

세상

가장

고독한 여행

1

소설『로빈슨 크루소』에서 로빈슨이 맨손으로 뗏목을 만들어 기어이 탈출하는
곳, 영화『캐스트 어웨이』에서 척이 배구공에 '윌슨'이라 이름 붙여 대화할
정도로 외로움의 정점인 곳. 그렇다면 무인도의 실제 모습은 어떨까.

처음 무인도에 가보고 싶다는 생각이 든 때는 동생과 부루마블 게임을
하면서였다. 무인도에 걸렸을 때 3번이나 쉬어야 한다는 것이 얼마나 안도감을
주었는지 모른다. 경쟁할 대상이 없다고 생각하니 마음이 저절로 편해졌다.
또 무인도를 탈출하려고 애쓸 일도 없겠다고 생각하니 더더욱 마음이
편해졌다. 계속 똑같은 게임판을 여러 바퀴 도는 말이 꼭 내 처지와 같아 처량해
보였다. 그러다 문득, 만화나 영화에 나온 무인도는 실제론 어디에 있을까란
생각이 들었다. 이번엔 무인도에 꼭 가봐야겠다는 생각을 했다.

"무인도에 간다면 당신은 뭘 가지고 가겠습니까?"

이 질문에 김대중 전 대통령은 실업과 부정부패와 지역감정을 가지고 가겠다고
했고 노무현 전 대통령은 책, 컴퓨터 두 가지만 가지고 가겠다고 했다. 얼마 전
라디오 방송에서는 한 연예인이 베어 그릴스(생존 전문가)와 동행하겠다고 했고,
무인도를 특집으로 다룬 텔레비전 프로그램에선 칼과 텐트를 들고 가겠다는
사람도 있었다. 수많은 사람들이 각각 다른 선택을 한다. 나에게 무인도는
어떤 선택이었을까?

2

무인도에 가는 일은 무無의 상태에서 차근차근 완성품을 만들어가는
과정이었다. 그건 모래사장에서 모래성을 쌓는 일이기도 했고, 스스로를
단련시키는 일이었다. 대개 그렇듯 나도 무인도에 대해 아는 바는 없었으니
검색부터 시작했다. 포털 사이트를 샅샅이 뒤져 구석구석 정보를 찾은 결과,
우리나라에도 섬이 3,500여 개이고 그중 2,800여 개가 무인도라는 것을
알게 되었다. 지도를 보니 가까운 서해안에도 섬이 많았고 그중에 무인도가
하나쯤 있겠지 싶었다. 여기까지 조사하자마자 가장 기본적인 짐만 챙겨서
바로 서해안으로 갔다.

태안에 내려 항구로 간 다음, 무작정 어부 아저씨를 붙잡고 사람이 안 사는
섬에 내려다 달라고 했다. 고맙게도 아저씨는 흔쾌히 배에 태워 무인도에
내려주시며 5일 뒤에 데리러 오겠다고 했다. 여기까지는 내가 생각한
그림이었다. 그런데 그 섬은 내가 상상한 무인도와는 한참 거리가 멀었다.
맑은 물과 해변, 나무, 열매도 있고 숲 속을 가로지르는 산책길이 있어야

하는데 서해의 갯벌이 섞인 흐린 물, 쓰레기와 몇 그루 없는 나무에 해변이라 할 수 없는 자갈밭이 전부였다.

밤이 되자 어둡기도 하고 라면이라도 끓일 요량으로 나뭇가지를 조금 꺾어 모닥불을 피웠다. 라면을 끓여 먹고 나서 얼마 후에 갑자기 암흑 같은 바다 위에서 소리도 없이 붉은 사이렌이 깜빡이며 다가왔다. 알고 보니 섬 주변 일대를 관할하는 분이었다. 무인도라 할지라도 주인이 있거나, 지자체 또는 해상국립공원의 허가를 받지 않으면 무단 침입을 한 것임을 이 때 알았다. 게다가 나뭇가지를 꺾어 불을 피우면 산림법에 위반된단다. 물속에 뭔가를 잡으려고 들어가는 것도 금지된 행위란다.

해프닝처럼 마무리된 첫 무인도 여행은 나에게 많은 교훈을 남겼다. 우선 문제의 소지가 없는 섬을 골라야 했다. 더불어 내 취향에 맞는 이상적인 무인도를 찾아야 했다. 구글 지도를 확대해가며 전 세계를 뒤져 마침내 동남아시아 군도에서 그런 섬을 찾아냈다. 위성으로 보아도 푸른 바닷물과 해변을 보고 떠난 것이 무인도 탐험의 시작이었다.

3

드디어 꿈에 그리던 이상적인 무인도에 도착했는데, 무엇부터 해야 할지
참 막막했다. 뭘 할지를 한참이나 고민했다. 사랑하는 사람에게 편지를 써서
유리병에 담아 코르크 마개로 막아 던져보기(해양 오염의 주범이므로 해서는 안 된다는
것을 이때는 몰랐는데 다행히 15분 뒤 다시 떠내려 왔다), 다 벗고 수영해보기, 땔감 구하기,
집짓기, 낚시하기, 사냥 도구 만들기, 뗏목 만들기, 불 피우기 등을 두고
고민했다.

한 시간이나 더 생각하다 내린 결론은 '일단 움직이자'였다. 섬을 걸어서 한
바퀴 돌아보려 했지만 길이 끊긴 부분이 많아 무인도에 타고 들어왔던 배를
타고 다시 바다로 나갔다. 혹시 구조 요청할 일이 생기더라도 내가 지금
어느 바다의 가운데 있는지를 알아야 가능할 것 같았고 섬을 둘러본다면
구석구석을 잘 알 수 있을 것 같았다.
바다 위에서 바라보니 해변에선 보이지 않던 것들이 하나하나 눈에 들어오기
시작했다. 나무, 동굴, 야자수, 코코넛들이 있는 위치와 조개가 서식할

가능성이 큰 바위도 보였다. 집을 짓거나 불을 피우려 해도 일단 나무를 베어야 하니 나무가 어디에 있는지부터 확인했다. 섬을 한 바퀴 돌며 내가 있는 위치를 파악하고 전체 지형을 파악한 것은 꽤나 잘한 일이었다.

마치 이런 것이 아닐까. 어떤 문제에 당면했을 때 숨이 턱 막히면서 어떻게 해결해야 할지 모를 때는 이런 방법을 떠올려 보는 것이다. 한 바퀴 쭉 둘러보고 나니 먹거리도 잠자리도 해결할 방법이 보였다. 마찬가지로 문제 앞에서 끙끙대지 말고 한숨 자거나 잠시 바람을 쐬면 해결 방법이 보이거나 나아가야 할 방향이 정해지곤 했다. 문제를 한 발짝 밖에서 객관적으로 보는 방법을 배운 셈이다.

4

누군가 묻는다. 그렇게 무인도에 다니는 이유가 뭐냐고. 나는 간절함의
존재에 대해 생각해보는 것이라 말하겠다. 간절함. 나는 그 보이지 않는 힘을
느꼈고 그 힘이 얼마나 엄청난지를 이곳에서 알게 되었다. 물과 불을 구하는
일은 문명사회에선 아무것도 아닌 일이지만 무인도에서는 가장 간절하고
절박한 일이다.

먹을 물을 구하는 일은 번거롭고 어려웠다. 식물에 비닐을 씌워 이슬을
모아보거나 바닷물을 끓여 증류수도 먹어보고 나뭇잎과 숯, 모래와 자갈을
넣어 간이 정수기도 만들어 보았지만 어떻게 해도 깨끗한 물을 충분히 구할
수 없었다. 어떻게든 구한 물은 정말 간단히 목만 축일 수 있는 정도여서
무인도에선 늘 목이 말랐다. 마음껏 물을 마실 수 있는 방법이 딱 한 가지
있었으니 그건 바로 코코넛을 따는 것이었다. 하지만 나무를 한 번도 타본
적이 없었기에 하루 종일 세 번이나 도전해서 겨우겨우 코코넛을 딸 수 있었다.
처음엔 고작 절반을 올라갔다가 내려왔고, 오후가 되자 두 번째로 도전해

3분의 2정도까지 올랐다가 또 실패. 마지막으로 저 코코넛이 아니면 난 목이 타서 죽겠다는 생각을 하고 다시 나무에 올라 겨우 코코넛이 있는 곳까지 오를 수 있었다. 이날 난 인생에서 처음으로 배수진을 치고 눈앞에 거대하게 드리운 간절함과 조우했다.

불도 마찬가지였다. 장장 7시간 만에 불을 피웠다. 손이 덜덜 떨려 아무것도 잡지 못하게 될 정도까지 나무를 비비다가 결국 불을 피우게 된 것 역시 불을 피우지 못하면 섬에서는 살 수 없다는 간절함 때문이었다. 중간 중간 연기가 피어오르고 타는 냄새가 나면서 불꽃이 보였던 것은 희망이었다. 그 작은 희망에 기대 끝까지 포기하지 않으며 최선을 다하는 것. 나아가 불을 지키는 일은 불을 피우는 것 이상으로 힘들다는 것.

이후 어느 면접 자리에서 지금까지 살면서 언제 가장 기쁘고 보람찼느냐는 질문에 무인도에서 살며 불을 피웠을 때라고 말해서 면접관들이 포복절도한 적도 있었다. 어찌됐든 인생에 한 번은 그런 간절함의 순간을 느껴본 것은 실로 거대한 경험이었다. 이 일을 겪기 전과 후의 내 태도는 분명 변화가 있었으니 말이다.

너무 극한이라 생각하진 마시라. 잠깐잠깐 낭만의 극치도 맛보게 된다. 무인도의 낭만 중에서 단연 압권은 탁 트인 바다와 밤이면 하늘을 파노라마로 뒤덮는 수많은 별들이다. 들여다보기만 해도 신비한 바닷속을 맨몸으로 누비고, 세상에서 가장 조용한 무인도에서 혼자 지내는 시간들. 처음엔 어색하지만 이곳보다 더 여유로운 곳을 찾기도 어렵다. 정신없이 빠르게 흘러가 사람들의 혼을 빼놓는 시간도 무인도에서는 잠시 쉬어가는 느낌을 준다. 돌아갈 곳이 있는 상태에서의 완전하고 온전한 홀로서기라고 할 수 있다.

휴대폰이 안 되니 자연스레 걱정거리도 줄어드는 곳. 읽고 싶었던 책을 마음껏 읽고, 보관만 해 놓고 듣지 못했던 음악을 무한 플레이할 수 있는 곳. 파도 소리와 새소리의 완벽한 화음이 아침을 알리는 곳. 이런 것들에 익숙해지면 외로움마저 낭만으로 느껴질 때도 있다.

살면서 한 번은 무인도에 가보는 것도 좋다. 이름 하여 '자발적 고립'. 거미줄처럼 연결된 인간관계, 미디어, 디지털 기기들과의 잠시만 안녕. 너무 많은 것을 가지고 너무 많은 관계를 억지로 이어가고 불필요한 걱정만 하며 시간을 보내고 있진 않은지 되돌아보게 된다. 작은 것이 주는 감사함과 고마움, 우리가 사는 이 세계의 아름다움을 느끼다 보면 어느새 세상을 헤쳐 나갈 힘도, 지혜도 생긴다고 믿는다. 오직 이곳 무인도에서만 가능한 것이다.

자, 그렇다면 당신은 무인도에 무엇을 가지고 가겠습니까.

이 여정은 오래도록 잊힌 우리의 길을 재발견하는 것이었다.

진기한 물건들을 팔러 나온 상인들과 깨달음을 얻으러 나선

혜초 스님, 국운을 어깨에 진 사신이 함께 걸었던 길. 실크로드는

동서양을 잇는 길임과 동시에 우리의 과거와 현재를 잇는 길이라

생각했다. 이토록 척박한 땅과 모래를 지나는 동안 그들은 무슨

생각을 했을까. 이 길은 내게 무슨 의미로 다가올지, 마음 가득

의문을 품고 한발 한발 내딛기 시작했다.

윤승철 » 심장박동 » 실크로드

SILKROAD

지금은 가지 않는 길,
길 위에서 길을 열다

1

스페인에서 막 귀국한 친구가 자랑스럽게 가방에 걸려 있는 조개 하나를 선물로 주었다. 산티아고 순례길을 걸었다는 일종의 증표였다. 산티아고 순례길은 스페인 사람들 뿐만 아니라 전 세계 여행자들이 꼭 한번 걷고 싶어 하는 유명한 길이다.

그런데 이 기념품을 보면서 문득 '실크로드'가 떠오른 것은 왜일까. 중국이 중앙아시아 나라들과 함께 실크로드를 유네스코에 등재하려 한다는 신문 기사를 봐서일까. 그 길을 독점하려는 중국의 행동에 반감이 들어서일까. 난 왜 실크로드가 산티아고 순례길과 비슷한 역사적인 '우리의 길'이라는 생각이 들었을까. 논리의 비약일지도 모를 생각이 꼬리에 꼬리를 물었다.

바다와 대륙을 통과한 여러 개의 실크로드 중에서도 실크로드를 대표하는 오아시스길은 중국 시안西安,당나라 때 수도에서 터키 이스탄불동로마제국 당시 콘스탄티노플까지를 말한다.

하지만 우리나라 경주에서 아랍인으로 추정되는 괘릉 무인석상이나 서아시아에서 만들어진 것과 똑같은 유리 공예품 등이 출토된 것을 보면 경주도 실크로드의 넓은 영향력 아래 있었다고 볼 수 있지 않을까. 전 세계에 인구 100만 이상인 도시가 몇 안 되었을 그 당시에 경주의 인구가 이미 100만을 넘었으니 이 추측이 아예 터무니없는 말은 아닐 것이다.

2

실크로드를 여행해보고 싶다고 말했더니 모두들 쉽지 않을 거라 말한다.
꼭 가야겠다면 언어나 비자, 치안, 도로 환경, 숙박 등의 문제가 많은
코스이니 계획과 준비를 철저히 해야 한다고 했다. 우선 우리나라에서 출발해
중앙아시아를 거쳐 실크로드를 탐험한 사람이 있는지부터 찾아야했다. 한국의
포털사이트에서는 사례를 찾지 못해 결국 외국인들의 실크로드 여행기를 찾아
읽어보며 준비하는 시간에만 2년이 걸렸다.

그 무렵, 마침 경상북도에서『코리아 실크로드 탐험대』라는 프로젝트가 진행
중임을 알게 되었다. 21명으로 구성될 실크로드 탐험대는 타클라마칸 사막,
파미르 고원, 중앙아시아 초원, 이란 고원을 향해 가는 여정이었다. 때때로
기회는 느닷없이 찾아온다. 난 그동안 조사한 자료들과 실크로드에 가고 싶은
이유를 적어 제출했다. 얼마 후 난 전문가와 청년으로 구성된 탐험대에서 청년
대장을 맡아 꿈에 그리던 실크로드를 밟게 됐다.

■
이 프로젝트는 실크로드의 역사적 가치를 재조명할 목적으로 실크로드 학회 제정, 사전 편찬, 도록 및 책
출간과 실크로드 탐험대를 발족해서 운영했다. 탐험대는 13명의 전문가와 7명의 청년들로 구성돼 있으며
한국, 중앙아시아, 인도, 터키로 이어지는 실크로드 오아시스길을 따라갔다. 한국의 평택에서 출발하는 배에
자동차를 싣고 중국 웨이하이(威海)까지 가서 키르기스스탄, 카자흐스탄, 우즈베키스탄, 투르크메니스탄,
이란, 터키까지 약 20,000km를 횡단했다.

윤승철 » 심장박동 » 실크로드

3

실크로드에는 바닷길과 초원길, 그리고 오아시스길이 잘 알려져 있다.
그중에 오아시스길은 특히 많은 서사와 풍경을 담고 있다. 생명체라고는
파리 한 마리도 살 수 없는 모래 언덕만이 끝없이 이어지는 사막 한가운데,
물과 나무가 있는 오아시스는 어떤 존재이고 의미였을까.
실크로드에는 '둔황'이라는 유명한 오아시스가 있다. 밥그릇처럼 엎어진
모래언덕 사이에 슬며시 모습을 드러낸 강과 밭, 숲. 그리고 여기에는 찌를 듯
높은 벼랑의 돌을 깎아 만든 석굴들이 벌집처럼 박힌 둔황 석굴 莫高窟, 모가오쿠 ■
이 우리를 기다리고 있었다.
혜초가 지은 『왕오천축국전』이 발견된 둔황 석굴에 도착했을 때, 난 왜 그토록
실크로드가 '우리의 길'이라는 생각이 들었는지 느낄 수 있었다. 이 오아시스에
도착했을 때 혜초는 아마도 오랜 여행의 막바지에서 지쳐 있었을 것이다. 그는
이미 바닷길을 통해 서역으로 갔다가 사막을 지나 이곳에 도착했을 테니까
말이다. 혜초는 이 둔황 석굴의 사원에 머무르며 자신이 서역에서 겪었던
일들과 보고 들은 것들을 써내려갔다. 그것이 바로 『왕오천축국전』이다.

■
둔황 석굴은 1,600m에 달하는 길이의 벼랑에 만든 사원으로, 366년 승려 낙준이 수행을 위해 굴을
판 것이 시작이었다. 이후 14세기까지 600여 개의 석굴이 지어졌고, 곳곳에 아름다운 벽화가 그려졌다.
1908년, 이곳의 17호 동굴에서 승려 혜초가 지은 『왕오천축국전』이 발견됐다.

『왕오천축국전』은 당대 정치적 상황과 대외관계, 기후, 의상, 특산물, 지형, 풍습,
언어와 종교, 심지어 실크로드의 방향과 시간까지 총망라한 여행서다. 홀로
떠난 수행길, 그러나 이방인으로서 겪었을 두려움이나 위험 따위를 당당히
겪어낸 혜초의 행보에 놀라움을 숨길 수 없었다.
둔황 연구소 리신 연구원의 도움으로 일반인에겐 공개되지 않은 석굴을 더
볼 수 있었던 것은 탐험대로서 누릴 수 있었던 큰 행운이었다. 지금도 험하고
기나긴 이 길을 그 옛날 혼자 걸어갔다면 얼마나 두렵고 고독했을지는
짐작만으로도 어마어마한 무게로 다가왔다. 실크로드의 한복판, 오아시스
길의 길목이라 할 수 있는 둔황에서 만난 『왕오천축국전』. 그렇게 먼 옛날 혜초
스님이 걸었을 길을 따라가고 있었다.

4

중앙아시아 우즈베키스탄에서는 고구려인들을 만났다. 지금 살고 있는
사람이 아니라 우즈베키스탄의 고도古都 사마르칸트에서 발견된 벽화에서
말이다. 서쪽 벽화의 오른쪽 끝에는 좌우에 깃털이 달린 조우관 머리를 보호하고
의례를 갖추기 위해 쓰는 관모冠帽의 한 종류■을 쓴 남자가 그려져 있는데, 그가 바로
고구려 사신으로 추정되는 인물이다.

1950년대 중반, 사마르칸트의 옛 중심지인 아프로시압 도성 유적지에서 도로
공사를 하다 우연히 발굴된 이곳은 왕이나 상류층 저택의 접견실로 추정된다.
여기에는 각국에서 온 사신과 무사들을 그린 벽화도 있었는데 거기에 고구려
사신이 그려져 있는 것이다. 우즈베키스탄은 14세기 티무르 제국의 수도로,
수많은 상인들이 오가며 무역의 길목으로 번성하던 곳이었다. 서아시아와
유럽, 인도, 중국과 맞닿아 있어 사방에서 상인과 사신들이 몰려들었다.
벽화에는 자연스레 이러한 당시의 모습들이 들어간 셈이다. 실크로드 연구에서
빼놓을 수 없는 이곳에서 당당히 조우관을 쓴 고구려 사신을 마주했을 때의

■

조우관을 쓴 사람을 고구려 사람이라 추측하는 근거는 여러 사료에도 나온다. 위서「고구려전」에서는
(고구려인은) '머리에 절풍건을 쓰는데, 그 모양이 고깔과 같고 두건의 모서리에 새의 깃을 꽂는다'라는
기록이 나오고, 고구려 고분 벽화나 고구려, 백제, 신라, 가야 등지에서 나온 출토품은 조우관이 고구려를
비롯해 고대 한반도에 퍼져 있던 관습이라는 것을 말해준다.

묘한 느낌이란 실제로 보지 않으면 알 수 없다. 고구려인들이 이 머나먼 길을
지나 중앙아시아까지 왔다는 이야기를 직접 두 눈으로 확인하는 순간이었다.

5

낯선 길을 가다 보면 길을 잃기도 하지만 때론 예상치 못한 것들을 발견하기도 한다. 이슬람 최고의 건축물로 불리는 이란의 이맘 모스크^{Masjed-e} ^{Imam}에서 우리나라 경주의 황룡사지터 은제 장식 판과 흡사한 형태의 입수쌍조문立樹雙鳥文, 두 마리의 새가 나무 하나를 두고 마주보는 형태의 문양을 발견한 것도 이번 여정의 큰 의의였다. 사산조 페르시아에서 발달한 문양이 경주에서도 발견됐다는 것은 신라에서 페르시아의 문화가 재현되었다는 뜻이다. 페르시아와 신라의 교역, 그 연장선에 입수쌍조문이 있었다.

이란 남서부 페르세폴리스라는 유적지에는 페르시아 왕들의 무덤인 낙쉐 로스탐^{Naqsh-e Rostam}이 있다. 거대한 돌 벽을 파내고 시신을 묻은 이 무덤에는 여러 가지 부조가 새겨져 있는데, 그중에서 '바흐람 2세와 신하들'에 새겨진 페르시아인들과 신라 설화에 등장하는 처용의 모습이 놀랍도록 비슷했다. 처용은 무성한 눈썹과 우그러진 귀, 우뚝 솟은 코, 튀어나온 턱을 가진 사람으로 알려져 있다. 경주 괘릉의 무인석상도 이런 모습이다.

더욱 놀랐던 것은 고대 페르시아 구전 서사집 『쿠쉬나메』에 신라의 이야기가 큰 비중을 차지하는 것이다. 7세기 아랍에 의해 사산조 페르시아가 멸망하며 페르시아의 왕자 아브틴은 난민들과 함께 중국으로 피신한다. 그러나 중국의 정세가 요동치자 아브틴은 중국을 떠나 신라로 망명하게 되고, 그곳에서 신라 공주인 파라랑을 만나 결혼한다. 그리고 두 사람 사이에서 태어난 왕자가 훗날 페르시아에 돌아가 영웅이 된다는 이야기이다. 이 서사의 배경에 신라의 지리와 생활상, 역사, 문화, 정치 등 다양한 내용이 담겨 있어 실제로 페르시아인들이 신라와 교역하며 보았던 것을 바탕으로 한 것이 아닌가란 생각을 했다.

이슬람 문명사와 실크로드 분야의 전문가인 정수일 박사님은 여정 중에 우리에게 이런 말을 했다.

"이번 실크로드 여정이 젊은이들이 문명 교류를 이해하는 시작점이 되었으면 한다."

많은 의미가 담겨 있는 한 마디였다. 애초 실크로드는 우리나라까지 이어졌던 길일지 모른다, 우리가 서양 문물을 받아들이기만 했던 것이 아니라 전하는 역할도 했다는 가정을 하고, 여러 궁금증을 가지고 떠난 여정이었다. 그리고 긴 세월 속에서 소실되었을 흔적들을 하나하나 발견하는 것이 험난한 여정 속의 단비라면 단비였다. 지금은 없어졌다고 보아도 무방한 길, 세월이 흘러 이젠 그 흔적조차 찾기 어려운 길을 가는 것은 누구에게나 몸과 마음 모두 힘든 일이었다.

윤승철 » 심장박동 » 실크로드

그러나 우리 선조들이 걸었던 그 자취를 따라가며 지금 우리가 가는 길과 지향점을 생각하게 됐다. 어떤 목적을 가지고 낯선 길을 따라가는 여정은 이런 진지한 의미를 남긴다. 새로운 것을 찾기도 하고 미처 몰랐던 사실을 알게 되기도 한다.

나를 가장 강력히 돌아보게 하는 것은 아무것도 없는 지점으로 데려가는 것이다. 물론 때로는 두렵기도 하다. 끝없는 사막과 황량한 벌판, 차가 몇 번이나 멈춰 버렸던 고산지대나 그때그때 다른 문화에 적응해야 했던 시간들은 돌이켜보면 힘든 일이었다. 하지만 그래서 더 가치 있는 것이 아닐까 싶다. 길 위에 흩어진 퍼즐을 찾는 일은 분명 누군가는 해야 할 일이고 앞으로 우리가 나아갈 방향을 짚어주는 것이라 지금도 믿고 있다. 지리학이나 인류학까지 욕심내어 공부하려는 것도 이렇게 방대하게 흩어진 단편의 한 조각이라도 찾고자 하는 심정에서다. 떨어진 쌀알을 줍는 심정으로 이렇게 하나하나 지난 일을 주워온 사람들이 우리를 존재하고 사유할 수 있게 했음을 잊지 않으려 한다.

윤승철 » 심장박동 » 아이슬란드

아이슬란드에 가보고 싶다는 생각을 언제 처음 했는지는 모르겠다.
그 지명을 처음 들었던 때는 기억난다. 5년 전, 영국에서 유학하던
형이 처음 얘기했었다. 그땐 이름마저 생소하고 춥고 먼 데를 왜
가는지를 따지느라 함께하지 못했다. 지금 생각해보니 아이슬란드가
섬이었기 때문이 아닐까 싶다. 유럽 대륙은 한 번에 여러 나라를 쉽게
오갈 수 있는 게 장점인데, 아이슬란드는 그 장점에서 벗어난 곳이기
때문이다. 어느 겨울, 이왕이면 겨울에 더 추운 곳으로 가 보자는
이병률 작가의 제안에 고민하지 않고 동행하기로 했다. 움직이지 않는
섬이 그간 조금씩 내게로 떠내려 오고 있었나 보다.

ICELAND

아이슬란드,
그 이름만으로도
가슴 시린 곳

1

아이슬란드는 내가 그동안 다녔던 많은 여행지 중에서 가장 다시 가고 싶은
곳이다. 둥근 지구본에서 아이슬란드를 찾아보면 북극에서 얼음 한 덩어리가
떨어져 나온 듯한 느낌을 준다. 극지방에서 떨어져 나온 이 빙하 같은 섬의
겨울은 어떨까? 아이슬란드를 한마디로 표현하자면 '온갖 이질적인 부분들의
모임'이라 할 수 있겠다.

유럽 대륙과는 또 다른 느낌을 주는 아이슬란드는 겨울에 겨울이 더해져
있었다. 북극해부터 불어오는 바람에 걸음을 주춤하다 정신을 차리면 하늘은
어둑어둑했다. 오후 4시면 해가 지는 이곳의 시간 흐름에 적응하는 일은 이제껏
한 번도 해보지 않은 일이기도 했다.

자동차로 운전하면 도로에서 하루에 한 두 사람을 겨우 만날까 말까한
분위기도 낯설기는 마찬가지다. 아이슬란드가 우리나라와 비슷한 면적인데
33만 명이 흩어져 살고 있으니, 일부러 사람이 북적거리는 도심에 가지 않는

이상 아이슬란드에서는 거의 대부분 혼자였다.

'도대체 33만 명의 사람들은 어디에 살고 있는 것일까. 그리고 정말 33만 명만 살고 있을까.'

난 아이슬란드의 도심을 벗어나면 끊임없이 이런 질문들을 떠올렸다. 1,000만 인구가 사는 서울시의 한 구區 정도 밖에 안 되는 사람들 중에서 대통령, 상인, 법조인, 예술가, 운전기사, 도축업자, 집배원, 트레이너, 선생님, 소방관, 전기기사, 학자, 수의사…. 이런 직업군이 다 나와야 한다는 건 행운일까 불행일까.

태어나 처음 보는 아이슬란드어로 된 간판과 지도의 글자들을 추측으로 또 느낌으로 맞춰가며 도로를 달리다 보면 비현실적인 풍광을 마주하게 된다. 쓸쓸하면서 기괴하고 어딘지 낯익기도 한, 하지만 도저히 지구라는 생각이 들지 않는 풍경들은 아이슬란드가 주는 이질감의 마침표다. 얼음이 둘러싼 빙하의 대지 옆으로 화산 가스가 솟구치고 크고 작은 폭포를 거슬러 올라가 보면 검은 해변과 기암괴석이 늘어서 있다. 달의 표면처럼 울퉁불퉁한 길에서는 현무암의 기둥절벽이나 주상절리 따위를 셀 수 없이 만나게 된다. 신이 세상을 만들기 전에 연습 삼아 아이슬란드를 만들었단 말처럼 우리는 아이슬란드에서 세계의 절반은 만나게 되는 듯하다. 사진을 찍으면 파인더만으로는 눈에 보이는 자연을 모두 담을 수 없다. 그렇기 때문에 사진이 더 현실 같고 눈으로 보는 것이 더 비현실적인 이상한 곳이다. 아이슬란드는 유럽과 북극 사이가 아니라 먼 우주의 목성이나 화성 어디쯤이라고 해도 믿을 수 있을 것 같았다.

2

누군가 당신에게 이번 겨울에 아이슬란드를 함께 가자고 한다면 그건
'세상에서 가장 어두운 면으로 당신을 초대하겠습니다'라는 의미가 있을 수
있다. 하지만 역설적이게도, 아이슬란드는 그런 이유로 내 심장을 더 뛰게 하는
곳이었다. 어둠 속에서 펄떡거리며 뛰는 심장의 존재를 더 잘 느낄 수 있었고
내가 살아있음을 이 세상 어디에서보다 강력하게 확인할 수 있었다.

일찌감치 시작되는 밤과 수시로 깔리는 안개 때문에 종종 앞도 보이지 않고
숨도 쉴 수 없을 듯했다. 하지만 그 풍경 속에서 반짝이는 가로등이나 어느
집 창문으로 비치는 노란 전구의 불빛은 다른 어떤 여행지에서보다 따뜻하고
정겨웠다.

사실은 아이슬란드에 머무는 내내, 저녁 시간이 오기 무섭게 컴컴해지는
밤하늘을 보면서 세기의 종말을 눈앞에서 목격하고 있다는 착각이 들었다.
그럴 때면 불쑥불쑥 내 어두운 자아가 수면 위로 떠오르곤 했다. 24시간

환한 한국에서는 너무 적나라하게 드러나 꺼낼 엄두를 내지 못했던, 심지어
존재조차 생각지 못했던 응어리들을 여기에서는 가만가만히 들여다볼 수 있다.

이곳에서 나고 자랐다면 세계는 원래 이렇게 심심하고 단조로운 곳이라고
생각했을 것 같다. 이런 곳에서 아무렇지 않게 살아가는 사람들도 흥미로웠다.
여름과 겨울, 두 계절을 보내는 것은 완전히 다른 환경에 '적응'하는 것이라
말할 정도이니 말이다. 오랜 밤과 오랜 낮. 몇 주간 이어지는 습한 날들과
건조한 날들을 꼽지 않더라도 아이슬란드에서의 삶은 가장 어두운 곳에서
밝은 곳으로, 다시 어두운 곳으로 돌아가는 일들을 반복하는 것이었다.
그럼에도 이 쌀쌀맞은 아이슬란드의 추위는 나에게 더없이 따뜻한 위로가
되었다. 네 어둠과 아픔, 슬픔, 응어리를 다 꺼내도 아무도 알아보지 못할
거라고, 그러니 다 꺼내놓고 잊고 가라는 듯.

윤승철 » 심장박동 » 아이슬란드

3

아이슬란드에서 지낸지 열흘이 지났다. 속의 것들을 게워내니 회색빛 하늘이 걷히고 비로소 다시 외부 세계에 눈을 돌릴 수 있게 되었다. 안개와 밤하늘에 지워졌던 풍경들의 색이 눈에 들어왔다. 실로 다양한 이곳의 색들을 볼 수 있게 되었다.

기기묘묘한 모습으로 납작하게 붙어 있는 초록 이끼들이 있었다. 카펫처럼 푹신푹신하게 자란 이끼는 세월이 더해질수록 윗부분에 덧붙여 자라고 또 자라 두툼해졌다. 윗부분일수록 색은 연초록으로 바뀌며 자라고 있었다. 플라스틱 인조잔디만큼 독하고 강한 빛의 이끼들이 늙어가는 사람처럼 힘을 빼내며 바래고 있는 듯했다.

해안에선 떠내려 온 빙하들의 투명한 빛도 만났다. 하얀 양떼의 등허리들과 폭포 위로 시종일관 맺혀있는 무지개의 프레임, 눈부신 금빛 평야와 해 질 녘의 진주홍 수평선이 있었다. 푸른빛을 발하는 블루 라군과 하늘에 무작위로 나타나는 오로라의 색감. 하늘색 눈망울을 지닌 아이들과 노란 집과 달. 땅속으로 흐르는 붉은 마그마와 부글대며 솟구치는 간헐천의 갈색. 고래의 등이나 등푸른 생선의 신선한 색도 색의 범주에 넣을 수 있을까. 마찬가지로 청명한 공기의 색도.

아이슬란드는 오염되거나 인위적이지 않은 자연의 색과 빛을 만날 수 있는 곳이었다. 아직까지 주변에서 오로지 '색色'을 보기 위해 여행을 하는 사람은 보지 못했지만, 아이슬란드를 한 번 다녀간 사람은 색을 보기 위해 다시 이곳을 찾을 수도 있겠다는 생각을 했다.

가장 인상 깊은 색은 붉은색이 칠해진 등대였다. 아이슬란드는 별달리 급할 것도, 경고할 일도, 사고가 날 일도 없어 보이는 곳이어서인지 도심에서조차

빨간색을 본 기억이 없었다. 그런데 유독 해변의 끝마다 있는 등대는 붉은색이 많았다. 가장 중요하고 강조해야 하는 것이 등대뿐인 나라. 이곳으로 온다는 보장도 확신도 없는, 그저 지나칠 수도 있는 배를 향해 여기가 육지라는 것을 말해주는 것 정도에나 새빨간 색을 쓰는 곳이라니. 모든 색이 섞인 혼돈의 검정에서 초록과 노랑, 흰색과 투명한 색을 거쳐 푸른빛과 주홍빛까지 다채로운 색들을 이곳, 세상의 끝 같은 아이슬란드에서 만났다. 그리고 이곳에서 마주한 마지막 색이 검정과 대비되는 빨강이라는 사실이 오래도록 기억에 남는다. 슬금슬금 내게 스며든 색들에 감정이 더해져 물든 아이슬란드의 긴 밤. 동행한 사람이 책을 읽으며 현실과 비현실을 넘나드는 동안 나는 색에 혼미해 이성과 비이성의 시간을 넘나들었다.

"아이슬란드에 함께 갈래요?"

이렇게 말해주는 사람은 좋아할 수밖에 없다고 생각한다. 아이슬란드는 내게 그런 곳이다. 평생을 마주했지만 여전히 이질적인 존재들. 이를테면 추위나 어둠과 같은 단어에 색을 입혀주는 곳. 시인 앞에서 시를 써보겠다고 우쭐거릴 수 있는 곳. 그래서 나는 그곳에서 행복했다.

윤승철 » 심장박동 » 페루

잉카인이 만들고
인연으로 오르다

세계 7대 불가사의 마추픽추로 향하는 길. 이번 여행의
키워드는 자연과 인연이다. 해발 고도 2,300m까지 굽이진
길목을 오르면서 험난한 안데스 산맥을 느끼고 정상에서는
인간이 남긴 거대한 흔적을 만나게 된다. 인간의 흔적을
따라가다 자연에 이르는 여느 여행지와 반대다. 그리고 이
여행을 가능하게 한 기적 같은 인연들. 마추픽추를 찾아가는
길목마다 꼬리에 꼬리를 물고 이어진 인연들은 유독 오래
가슴에 남는다. 잉카인들이 어서 오라고 이끄는 듯.

1

헤밍웨이가 사랑한 나라 쿠바와 안데스 산맥이 나라 전체를 가로지르는 콜롬비아를 거쳐 마추픽추가 있는 페루에 도착했다. 드디어 왔다. 여기까지 오는 동안 난 잔병치레를 몇 번 하면서 심신이 지쳐 있었다. 히말라야에 오르고 아마존을 넘어 사막과 무인도 같은 오지를 다닌다 해도 체력이 방전되면 답이 없다. 오래도록 한국 음식은커녕 한국 사람도 보지 못해 페루의 수도 리마에 도착하자마자 한인이 운영하는 민박집으로 갔다. 중남미로 배낭여행을 떠난 지 한 달 만이었다. 그리고 이곳에서 여행 코스마저 똑같은 형과 여동생들을 만나 함께 마추픽추까지 오르게 되었다.

2010년 당시만 하더라도 중남미를 여행하는 한국인 여행자는 지금처럼 많지 않았다. 그 덕에 생겨난 일화도 있다. 마추픽추까지 동행하기로 한 여동생들은 짐이 너무 많았다. 배낭만 무려 3개. 소매치기들의 표적이 될 수 있고 무엇보다 이동 중에 지칠듯하여, 보다 못한 형과 내가 짐을 정리해 배낭을 하나로 줄였다. 남은 짐들, 예를 들어 빨래 건조대나 우산, 샴푸 등은 민박집에 두고 왔다. 그리고 얼마 후 칠레 산티아고의 한 카페에서 차를 마시는데 우리가

리마의 민박집에 두고 온 우산을 쓴 한국인이 지나가는 것이 아닌가! 우리는
그 한국인들을 붙잡고 혹시 리마의 어느 한인 민박집에서 묵었는지를 물었다.
그분들은 우리보다 더 놀라며 이렇게 말했다.

"맞아요, 그 민박에 머물렀어요. 더 신기한 건 주인 아저씨가 아마 이 우산을
들고 다니다 보면 칠레 산티아고쯤에서 원래 주인이 말을 걸어올 거라고도
했어요."

마추픽추로 향하던 여정은 묘한 인연들이 씨실과 날실처럼 얽힌 사연으로
기억된다. 신기하게도 남아메리카를 통과하는 여행자들은 최소 한 번은 이와
비슷한 경험을 한다고 한다. 남아메리카에는 어떤 자기장 같은 것이 흐르는
것일까. 이틀이 넘게 험한 산맥을 올라도 쉽사리 모습을 드러내지 않는
마추픽추에는 도대체 어떤 인연들이 있을까. 뜬금없이 우산의 주인을 만나게
될 것이란 주인의 말에 어떤 힌트가 있을 것도 같았다.

2

마추픽추는 남아메리카에서 가장 가고 싶었던 곳이었다. 세계 최고라 불릴
정도로 뛰어난 석재 가공 기술과 황금 제련 기술, 화려한 문명을 가졌던
잉카인의 땅에 언젠간 직접 가보고 싶다는 생각을 했었다. '잉카'라는 단어만
들어도 왠지 가슴 뛰게 뜨거운 수많은 이야기가 숨겨져 있을 것 같지 않은가.

마추픽추는 이름 자체가 신비롭기도 하지만, 그 위치나 역사를 알고 나니
더욱 가고 싶다는 생각이 들었다. 마추픽추의 주인 잉카 제국은 15세기경에
현재의 에콰도르, 페루, 칠레, 아르헨티나에 이르는 넓은 영토를 다스리는
대제국이었다. 하지만 16세기 중반, 스페인에 정복당해 멸망했다. 그 당시
황금을 숭배한 잉카인들이 어딘가에 도시를 지어 황금을 숨겨놓았다는 전설이
전해졌고, 이를 쫓아 많은 탐험가와 약탈자들이 안데스 산맥을 들락거렸다.
1911년 마추픽추가 모습을 드러냈을 때 진짜 황금은 없었지만 사람들은
여기가 바로 잉카인들이 오래 전에 세운 황금 도시라고 믿었다. 세상에
알려지기 전까지 340여 년 동안 그 존재를 아무도 몰랐다고 하여 '잃어버린

도시'라고도, 산 아래에서는 보이지 않고 하늘에서만 보인다고 하여 '공중 도시'라고도 불렸으니 그야말로 문명의 첨탑이었다.

고대 문명의 꽃을 향해 가는 길, 우리는 남다른 욕심을 내보기로 했다. 마추픽추로 가는 방법은 보통 2가지가 있다. 쿠스코'세계의 배꼽'이라는 뜻에서 잉카 트레인이라는 기차를 타고 올라가는 방법이 있지만, 우리는 3박 4일간 45km를 걸어 해발 4,200m까지 오르는 잉카 트레킹을 선택했다. 안데스 산맥의 비경과 아직 곳곳에 남아있는 잉카 유적들을 볼 수 있기 때문이었다. 말하자면 자연 속에서 고대 인간들의 문명을 엿보기로 한 것이다.

3

마추픽추를 오르는 공식적인 트레킹은 인원이 제한되어 있다. 하지만 공식
루트 말고도 많은 여행사가 비슷한 루트로 마추픽추까지 오르는 1일 코스,
3일 코스 등을 운영하고 있다. 이런 투어는 보통 몇몇이 팀을 이루어 가이드와
함께 올라가는데 재미있는 것은 국적과 나이를 불문하고 팀이 구성된다는
것이다. 하긴 여기는 전 세계에서 여행자들이 구름처럼 몰려드는 마추픽추가
아닌가! 누구를 만나도 이상하지 않은 곳이다.

이렇게 높고 험한 산 정상에 어떻게 그토록 큰 돌을 가져가 정교하고 거대하게
성과 집을 지었을까. 우리가 손잡고 오른 것처럼 잉카인들도 여럿이 함께
험준한 산맥을 올랐을까.

안데스 산맥의 풍경은 가히 압권이다. 멋진 경관이 내려다보이는 작은
포인트마다 삼삼오오 걸터앉아 경치를 감상했다. 가끔 차를 마실 수 있는
허름한 가게가 있어 목을 축이기도 했는데 여기에서 풍경을 가만히 바라보면
어떤 근심도 내려놓을 수 있겠단 생각이 드는 곳이었다. 정상에 가까워질수록
하늘을 가린 나무들이 사라지고 계단식으로 된 경작지들이 보이기 시작했다.
산꼭대기에 오를수록 단단하고 큰 돌무리가 보였다. 정상에 도착하기 전에
언덕에서 언덕으로 이어지는 기찻길을 지난 적이 있었는데 거기가 아마 몇 번의
경계 끝에 닿은 접점인 것 같았다. 그 경계에서 잠을 청하고, 마추픽추와 만나게
될 날이 밝았다. 우린 마추픽추에서 해가 뜨는 것을 보기 위해
새벽 4시에 출발했다. 일 년 중 300일 이상은 이 시간에 비가 내린다지만
그래도 우린 맑은 하늘에 빛나는 태양을 마음속에 그리며 산을 올랐다.
마추픽추를 더 잘 보기 위해 맞은편의 와이나픽추 Wainapicchu '젊은 봉우리'라는 뜻 에
올랐다. 와이나픽추에 오르면 마추픽추가 한눈에 내려다보인다. 이윽고 해가
뜨고 안개가 걷히면서 그 모습을 서서히 드러내는 마추픽추를 내려다보니

지난 3일간의 피로가 싹 가셨다. 공중 도시라는 이름에 걸맞게 누군가가
하늘에서 뚝 떼어 던져 만들어진 것처럼 비현실적인 감동이 그곳에 있었다.
카메라를 이리저리 돌려 봐도 다 담기에 부족한, 너무나 벅찬 풍경들이었다.
마치 그 옛날 잉카인들의 숨결이 들리는 듯했다. 직접 내 발로 허공을 걸어
공중 도시로 온 것 같은 잉카 트레킹의 마지막은 내가 가본 그 어떤 여행지보다
감격스러웠다.

4

모두에게 감동을 주었던 이 멋진 장면들이 결국 해피엔딩이었을 수 있었던 것은 아무렴 함께한 사람들 덕분이었다. 지금껏 여행할 때는 잘 따져보지 않았던 인연의 감정들이 이번에는 무척이나 진하게 남았다. 누군가 힘들어할 때 슬며시 가방을 들어주거나, 목이 마를 때 물통을 건네준 일, 3박 4일 동안 정이 듬뿍 들어버린 트레킹 멤버들, 민박집에서 만난 여행 동료들, 그리고 버린 우산을 정확히 산티아고에서 만나게 해 준 그 인연들. 마추픽추 여행의 흔적은 그렇게 내 심장에 낙인처럼 남았다.

어쩌면 지구 반대편에 있기에 이렇게 오래 그리움을 남기는 것이 아닐까. 안데스 산맥의 풍광, 새벽녘 물안개 사이로 서서히 진면목을 드러내보이던 공중 도시, 며칠간 오롯이 자연 속에서 길을 헤매고 정처 없이 걷고 또 걸었던 숲, 고산병이 올 정도로 높은 고도에 떠오른 태양을 바라보던 장면을 어떻게 잊을 수 있을까. 고대 잉카인들이 계획하고 만들었던 거대한 도시와 문자 없이 구전으로 전해진 신비로운 문명, 치밀하고 빈틈 하나 없이 짜인 성곽들은 또 어떻게 설명할 수 있을까. 돌, 황금, 목재, 철 제련 기술과 의학, 종교, 천문 등 거의 전 분야에 걸쳐 기술이 발달했다는 것이 드러나는 흔적들이 가득한 고대의 도시와 마주하기 위해 지구 반대편에서 온 여행자의 마음은 여전히 혼란스럽다. 여기에서 내가 할 수 있는 것은 별로 많지 않았다. 그저 '나는 왜 이곳에 오고 싶었나?'라는 질문에 '이런 이유에서였다' 정도로 답하는 것밖에.

앞으로 살다가 또 한 번 힘든 일이 생긴다면 그때도 난
삿포로札幌에 갈 예정이다. 삿포로에 내려 기차를 타고
카미시라타키上白滝라는 작은 간이역으로 향할수록 그 생각은
확실해졌다. 나에게 늘 힘든 일은 겨울 직전이나 한겨울에
찾아왔었다. 그러니 내가 다시 삿포로를 간다면 겨울일 것이
확실하다. 아마 그때도 지금처럼 눈이 많이 쌓였을 것이고,
그 앞에서 나는 미약하고 미약한 입김을 불며 신발이 다 젖을
때까지 눈 속을 걷고 있을 것이다.

JAPAN

모든 것의
'마지막'에 보내는
덤덤한 찬사

1

꼼꼼하게 계획을 짜서 여행하는 스타일이 있는가 하면, 느슨하게 계획을 세우는
둥 마는 둥 하는 스타일도 있다. 난 후자로, 대개 아주 느슨하게 여행 일과표를
만든다. 항공권만 사서 떠나는 여행도 자주 한다. 가장 최근에 한 이런 여행은
일본 홋카이도北海道, 삿포로행 항공권을 사면서 시작되었다. 갑작스럽게 벌어진
여러 일들에 아파하고 아파하다 충동적으로 샀다. 삿포로의 날씨는 어떤지, 가면
뭘 할지, 어디에 머무를지도 정하지 않고. 다만 한 가지, 눈이 많다는 것만 알고
있었다. 홋카이도 전역에 폭설이 와 피해가 많았는데 이제 중단되었던 항공기
운항이 재개되었다는 뉴스를 본 뒤였다.

비행기에서 혼자 눈물을 흘리고 닦고, 또 흘리고 닦다 보니 삿포로에 도착했다.
삿포로로 가는 내내 온 세상이 눈으로 뒤덮여 사방이 하얀 곳으로 가면
백지처럼 다시 시작할 수 있는 마음이 생길 것 같았다. 종일 내리는 눈을 보면
저절로 차분해질 것 같다는 생각도 들었다. 이미 쌓여있는 눈 위로 소리 없이
내리는 눈발들을 본다면 저절로 그런 마음이 들 것이란 확신도 생겼다. 그저

조용히, 아주 조용히 머물다 오고 싶었다. 삿포로에서.

도착하자마자 잡은 숙소는 도심의 작은 비즈니스호텔이었다. 그저 혼자 있고
싶어서 택한 작은 방에 들어가자 이내 밀려드는 약간의 허망함과 직면하게 됐다.
어디로든 도망가고 싶어서 떠났는데 도착한 곳은 낯선 도시의 작은 시멘트
방이라는 사실이 허무하기도 했다. 편의점에서 사온 계란 샌드위치를 한 입
베어물고 멍하니 히죽거리다 앉았다를 반복했다. 창밖에서는 이제 막 녹아
질퍽거리는 눈 위를 천천히 짓이기며 굴러가는 자동차 바퀴 소리만 들렸다.

습관적으로 인터넷을 켜서 검색을 하다가 기사를 하나 봤다. 홋카이도의
카미시라타키 역에 관한 기사. 불현듯 그곳에 가보고 싶다는 생각을 했다.
일본인 친구에게 물어보았더니 좋겠다고 환호한다. 이곳으로 가는 기차는 분명
조용할 거라고, 네가 상상했던 장면들을 볼 수 있을 거라고 한다. 다행이다.

2

카미시라타키 역은 곧 사라질 예정인 작은 간이역이었다. 2016년 1월 말에
나온 신문기사에서 그해 3월 초에 없어진다는 내용을 담고 있었으므로 지금은
이미 없는 역이다. 그 역을 이용하는 승객은 꽤 오래도록 한 명 뿐이었다. 그
한 명은 고등학생이었는데 곧 졸업을 하면 더 이상 아무도 오지 않을 터였다.
그래서 2월에 그녀가 졸업식을 마치고 나면 이 기차역도 운행을 정지한다.
역에는 이 학생의 등하교 시간에 맞춰 기차도 하루에 딱 두 번만 정차했다.
오전 7시 4분과 오후 5시 8분. 기차역의 재정은 당연히 적자였겠지만 오로지
승객 한 사람만을 위해 운행한 것이다. 그런 역이라면 정말로 없어지기 전에
가야겠단 생각을 했다.

난 어쩐지 작고 사소한 것, 곧 없어질 것들에 유난히 마음이 쓰인다. 동네
서점이나 문구점, 이발소, 사당동 달동네에 남아있던 이들, 달고나 할머니,
얼마 되지 않는 땅에 몇 가지 곡식을 심어 온갖 공을 들이는 농사꾼. 그리고 한
사람만을 위해 존재했던 작은 시골의 간이역.

윤승철 » 심장박동 » 일본

카미시라타키 역도 그 역에서 혼자 기차를 기다렸을 친구도, 그이만을 위해
출근했을 역무원도 만나보고 싶었다. 가서 모두 만나고 오면 좋겠다는 생각을
안고 그리로 향했다. 카미시라타키 역의 위치를 보니 삿포로 도심에선 조금
떨어진 곳이다. 아사히카와 역에서 한 번 갈아타고 4시간 정도면 갈 수 있는
거리였다. 난 열차의 마지막 칸으로 가서 뒤로 난 창을 보며 서서 갔다. 기차가
달리기 시작하자 레일 위에서 잠자던 눈송이가 피어나 이리저리 날리며 기차
뒤를 따르는 배경을 지우기 시작했다. 아는 사람 한 명 없고 아무 연고도 없는
곳으로 나를 데려가는 열차의 뒷모습이 이렇게 하얗게 무너지니 내가 지나온
시공간도 모두 무너져 버리는 것 같았다. 그것도 나쁘지 않겠다 싶었다. 새로
시작할 수 있는 공간으로의 이동. 삿포로에서 출발하여 홋카이도 내륙으로
가는 기차는 가면 갈수록 낯선 곳으로 나를 안내하고 있었다.

3

눈 덮인 산과 드문드문 나타나는 작은 마을, 눈 더미 속에서도 몸을 키우는
나무를 보는 것이 전부인 시간이 흘러가고 있었다. 겨울이면 잊혔다가
봄에야 드러날 초등학교의 운동장과 화단의 조각상, 드문드문 마을 단위로
있는 작은 작물 창고들을 지나쳐가는 시간에도 눈이 내리고 있었다. 흰색과
대비되는 검은 전깃줄은 어디서 끊어졌다 다시 나타나는지 몰랐지만 정신을
차리고 주의 깊게 보면 또 선명하게 눈 위로 줄을 내고 있었다. 눈이 미처
녹기 전에 새로운 눈으로 덮이고, 밤새 언 얼음 위로 또 새로운 눈이 내리는
시간들의 연속이었다. 이전에도 그래왔고 지금도 그렇고, 내가 홋카이도에
머무는 동안도 계속 그러했다.

카미시라타키에 도착한 날은 주말이었다. 비로 치자면 소나기 같은 눈이
내리다 오전부터는 멈춘 날이었다. 하늘은 바닥에 쌓인 눈에 선명히 비칠 만큼
파랬다. 나는 매일 혼자 이 역에서 열차를 기다렸을 고등학생을 상상했다.
오는 내내 한번 만나고 싶었지만, 다시 곰곰이 생각해보니 얼마 남지 않은

등굣길을 방해하는 것은 아닌가 싶었다. 어제는 카미시라타키 바로 전 역인 카미카와 역에서 하루를 머물렀는데, 한 사람을 위해 폐쇄하지 않았다는 이야기가 알려지면서 많은 기자들과 사진작가들이 이 역을 찾고 있다는 기사를 보았다. 하지만 졸업까지 남은 며칠만이라도 마음 편하게 등교했으면 하는 바람이 들었고, 나라도 방해하지 말아야겠다고 생각을 했다. 어쩌면 플랫폼에서 열차를 기다리던 주인공이 열차에 타고 그 열차가 천천히 눈밭 속으로 사라지는 모습을 상상하는 것이 더 여운에 남을 것 같았다.

이정표 하나 없는 역은 일본에서 그토록 흔한 자판기 하나 없이 초라했다. 허름한 역사 안으로 들어가면 열차 시간표 하나와 만화책 몇 권이 전부였다. 역은 흰 눈이 두껍게 덮여 있어 더욱 작고 단출해 보였다. 플랫폼엔 안전 바도, 눈비를 피할 지붕도 없었다. 주변엔 이렇다 할 집도 마을도 보이지 않으니, 이제까지 없어지지 않고 열차가 섰던 것만으로도 놀라운 곳이었다. 하루에 두 번이지만 한 학생을 위해 정차를 했다는 것이, 그리고 졸업을 할 때까지 적자를 감수하면서 운영했다는 것이 이곳에 와서야 새삼 더욱 놀랄 일이었다.
새로운 것이 있다면 얼마 전부터 이곳을 방문하는 사람들이 자발적으로
남기기 시작한 방명록 정도.

윤승철 » 심장박동 » 일본

4

우리나라에서 마지막 하나 남은 성냥 공장에 가본 적이 있다. 모든 사라져
가는 것들이 서서히 낡고 녹슬 듯 공장도 외벽은 금이 가고 금방이라도
쓰러질 것 같았다. 마당 한쪽엔 아직도 성냥이 되길 기다리는 듯
포플러나무들이 쌓여 있고, 만들어진 성냥들은 통에 담기지 못한 채 제멋대로
쌓여 있었다. 공장이 문을 닫는 건 성냥이 꺼지는 순간처럼 순식간이라는
생각이 들었다.

철거된다는 소식을 듣고 정릉3동 '스카이아파트'를 찾아갔었다. 47년의
역사를 뒤로 하고 사라질 예정인 곳이었다. 아직도 붙어 있는 가스배달
스티커와 버려진 카세트테이프 뭉치, 옥상에 덩그러니 놓인 녹슨 샌드백.
그리고 무엇보다 위태로운 콘크리트 사이를 받쳐둔 철제 구조물들.
이런 곳을 찾아다니는 나를 보며 친구는 말했다.

"너는 시간을 빨아들이는 사람 같아, 그래서 벌써 주름이 있어."

5

홋카이도의 작은 시골 카미시라타키로 오는 기차의 창 너머 풍경과 함께
좋았고 또 좋지 않았던 한국에서의 기억들도 사라지고 있었다. 실은 이 순간이
오는 것만으로도 감사해야 할지도 모르겠다. 적어도 카미시라타키 역과
성냥 공장, 스카이아파트와 같은 곳들은 완전한 끝이 오기 전에 내게 그런
것들을 생각해볼 시간을 주었다. 중요한 것은 사라져 가는 것들을 어떻게
대하느냐이다. 따뜻한 시선과 관심, 마음이 주는 감동과 함께 감당할 수 있는
영역 내에서 배려하며 바라보는 것. 이 머나먼 일본 북쪽, 흰 눈으로 사방이
눈부신 홋카이도에서 나는 생각만 해도 따뜻한 추억 하나를 품고 간다.
언젠가 기억은 잊혀도 이 따뜻함만은 오래도록 남을 수 있도록 그 소박한
간이역의 다정한 풍경을 눈과 마음에 담는다.

카미시라타키에서 오타루로 향했다. 마침 해가 떠서 키보다 높게
쌓였던 눈들이 녹기 시작했다. 오타루의 눈이 다 녹으면, 혹은 눈이 모두
사라지면 왠지 미소 지을 이야기들이 또 있을 것만 같다. 쌓인 눈 아래로
많은 이야기들이 봄이면 돋아나겠지. 풀들도 그 이야기를 양분으로 다시
일어나겠지. 그리고 나도 그 기운으로 내일을 맞아야지.

인생의 청춘을 유랑하는 5인 5색 여행기

여행이 좋아서 청춘이 빛나서

초판 발행 2018년 5월 18일

지은이 류시형 · 박진주 · 오상용 · 이동진 · 윤승철
발행인 이종원
발행처 (주)도서출판 길벗 | **출판사 등록일** 1990년 12월 24일
주소 서울시 마포구 월드컵로 10길 56(서교동)
대표전화 02)332-0931 | **팩스** 02)323-0586
홈페이지 www.gilbut.co.kr | **이메일** gilbut@gilbut.co.kr

편집팀장 민보람 | **기획 및 책임편집** 백혜성(hsbaek@gilbut.co.kr) | **취미실용 책임디자인** 강은경
제작 이준호 · 손일순 · 이진혁 | **영업마케팅** 한준희 | **웹마케팅** 이승현 · 이정 · 김진영
영업관리 김명자 | **독자지원** 송혜란 · 정은주

디자인 아치울스튜디오 | **편집진행 및 교정** 한진영 | **일러스트** 김희진
CTP 출력 · 인쇄 · 제본 보진재

  ISBN 979-11-6050-463-7 (13980)
  (길벗 도서번호 020027)

  정가 18,000원

독자의 1초까지 아껴주는 정성 길벗출판사
(주)도서출판 길벗 | IT실용, IT/일반 수험서, 경제경영, 취미실용, 인문교양(더퀘스트) www.gilbut.co.kr
길벗이지톡 | 어학단행본, 어학수험서 www.eztok.co.kr
길벗스쿨 | 국어학습, 수학학습, 어린이교양, 주니어 어학학습, 교과서 www.gilbutschool.co.kr
페이스북 www.facebook.com/gilbutzigy | **트위터** www.twitter.com/gilbutzigy